Josef Hajda

Wildtiere in befriedeten Bezirken

JOSEF HAJDA

WILDTIERE IN BEFRIEDETEN BEZIRKEN

GRIN VERLAG

Wildtiere in befriedeten Bezirken
Von Josef Hajda

2. Auflage 2019

GRIN Verlag, München

Zeichnungen und Illustrationen: Ivo Krizan, Cindy Wallin
Fotos: Josef Max Hajda, Josef Hajda, privates Archiv

INHALT

VORWORT

Es stellt sich die Frage des Zusammenlebens der Menschen und Tiere in befriedeten Bezirken (urbanen Räumen). Mehr noch als auf dem Lande ist in der Stadt die Hygiene im Allgemeinen und im Besonderen für die Gesundheit der Menschen, vornehmlich der Kinder und auch der Groß-stadt-Haustiere wichtig. Dazu gehört auch, dass kranke oder keimtragende Wildtiere erkannt, behandelt, umgesetzt oder erlöst werden.

Das Wildtiermanagement in befriedeten Bezirken sollte eigentlich als Wild-hege der Kulturfolger bzw. nach dem Schweizer Vorbild Wildhüter-Arbeit heißen und auch so verstanden werden. Das moderne Wildtiermanagement in der Großstadt beinhaltet auch die beschränkte Bejagung dieser Räume durch den unversehrten Lebendfang oder mit der Waffe. Für eine sichere Schussabgabe gibt es hier immer weniger Plätze und Möglichkeiten. Es gibt nur wenige Spezialisten mit eiserner Selbstdisziplin und den erforderlichen Schusserfahrungen, denen die Schussabgabe in einem befriedeten Bezirk in voller Eigenverantwortung von den zuständigen Behörden übertragen werden kann. Die Sicherheit hat hier oberste Priorität!

Ein unversehrter Lebendfang der zum Problem werdenden Wildtiere und, falls möglich, die anschließende Auswilderung in geeignetem Biotop bietet sich hier als eine gute Alternative an. Mehr über die damit verbundene Arbeit, den Zeitaufwand und die Kosten erfahren Sie in diesem Buch. Soweit es möglich war, wurde hier die Jägersprache bewusst vernachlässigt. Es soll denjenigen, die diese Sprache beherrschen, beträchtliche „Wehen" ersparen und bei jenen, die dieser Sprache nicht mächtig sind, zu mehr Verständnis beitragen. Der angesprochene „jagende Leser" wird an dieser Stelle um Verständnis gebeten.

I. BEFRIEDETE BEZIRKE

Eine „trockene" juristische Bezeichnung, die aber im wirklichen Leben keineswegs langweilig ist. In der Praxis wird hier diskutiert, gestritten, gejagt, gearbeitet und wieder diskutiert. Nach §6 Satz 1 BJagdG ruht die Jagd in befriedeten Bezirken, keineswegs aber das Jagdgesetz. Das Jagdrecht ist mit Grund und Boden fest verbunden. So steht das Jagdausübungsrecht dem Eigentümer der Grundflächen zu. Die Jagdrevierpächter wollen die genaue Grenze der befriedeten Bezirke erfahren, die Jagdgenossenschaften (Zwangsgemeinschaft der Eigentümer der Grundflächen) wollen wissen, welche Grundbesitzer der abgezäunten Flächen juristisch als Jagdgenossen zu werten sind.

Eine Stadt oder ein Dorf sind also befriedete Bezirke. Die Baumschule oder Gärtnerei meistens ebenso. Schulgelände und der Friedhof, meist mit einer durch Zäune und Mauern klar definierten Grenze, sind wohl die besten Beispiele, ohne die emotionalen Werte in Betracht zu ziehen. Ein ohne Zaun und in der Mitte eines Jagdreviers stehender Bauernhof ist hier oft das heiß umstrittene Beispiel. Kraft des Gesetzes ist es auch ein befriedeter Bezirk und damit gleich zu behandeln. Dennoch sind hier häufig Unstimmigkeiten zwischen Bauern und Jägern zu beobachten. Hier ein Beispiel zur diesbezüglichen Praxis:

Ein Kindergartengelände: Kaninchen. Oh wie putzig! Wo Kaninchen leben ist der Fuchs und die damit zusammenhängende Hysterie um den Fuchsbandwurm nicht weit. Vom Jagdrechtinhaber, dem Grundbesitzer, wird ein Bejagungsantrag bei der zuständigen unteren Jagdbehörde gestellt. Natürlich mit Wünschen, wie z.B. „Der Fuchs soll sanft gefangen und im Tierheim angeliefert werden. In vielen Anträgen sind zwischen den Zeilen Berge von egoistischen Schutzmaßnahmen zu lesen.

Je größer die Stadt ist desto entfernter von der Realität sind die „kreativen Wünsche" der Antragsteller. Der sachbearbeitende Beamte ist in der Regel auch nur ein Mensch. Auf seinem heißen Stuhl darf er nicht einmal laut lachen. Sollte er einen Antrag als begründet einstufen, werden dem Antragsteller einige Kontaktdaten der Stadtjäger zu seiner freien Auswahl zur Verfügung gestellt. Die werden dann in der Regel einer nach dem anderen angerufen. Wir sind in dem Bereich „organisierte Unverantwortlichkeit" gelandet. Falls ich auch zu den Auserwählten gehörte, waren die Telefongespräche relativ kurz.

Gründlich hörte ich mir die Anruferin oder den Anrufer an, machte mir einige Notizen und dann, nach kurzer „Funkpause" kam meine Pauschalantwort: „Ja, das ist sehr interessant! Wenn Sie wollen, schaue ich mir das Ganze mal an und schreibe Ihnen ein Kostenangebot. Sie können entscheiden, in welchem Umfang wir dann arbeiten wollen." Manche haben mich schon bei dem Wort Kosten unverzüglich aus der Reihe der Bewerber herausselektiert. Möglicherweise haben sich auch so manche „riesige Probleme" mit den Wildtieren von selbst erledigt.

Über die praktische Wildhege in den befriedeten Bezirken mehr in den Kapiteln III und VII. Konkrete Fragen sind an zuständige Kreisverwaltungen und Landratsämter zu richten.

II. WILDKUNDE

Hier einige Basiserfahrungen für die Arbeit mit Tieren in der Stadt bzw. in einem befriedeten Bezirk. Die umfangreicheren, aber für den Laien meist unverständlichen, Fachvorträge werde ich den Wildbiologen überlassen. Im Vordergrund stehen hier unsere Kulturfolger wie Fuchs, Steinmarder und Wildkaninchen. An Neuankömmlingen (Neozoen) wie z.B. Waschbär und Marderhund kommen wir aber nicht vorbei. Ein sehr umfangreiches Thema bietet die nicht jagdbare verwilderte Haustaube. Die starke Population des Schwarzwildes (Wildschwein) steht „vor der Haustür" der befriedeten Bezirke.

Ein Mensch ist ein Mensch. (Meistens)
Ein Tier ist ein Tier. (Immer)

Das soll heißen, dass ein Tier berechenbar ist, dass wir wissen, was von ihm zu erwarten ist. Ein Wildtier ist ein Stück der unverfälschten Natur. Als solches sollten wir es auch wahrnehmen und so behandeln. Wie immer setzt das auch hier Basiswissen voraus.

Ein Fuchs als Mäusejäger kann im Waldbau, Obstgarten oder einem Weinberg bzw. in der Landwirtschaft nützlich sein. Mit der Jagd auf Junghasen,

Federwild und Singvögel macht er sich weniger beliebt. Durch Entsorgung von Kadavern betreibt er für uns Gesundheitspflege, durch Parasiten und Krankheiten wirft er hingegen Negatives für sich in die Waagschale. Wo ist hier der Goldene Mittel weg? Im Rahmen des Jagdschutzes soll ihn der Jäger stark bejagen. Im Kindergarten-Sandkasten, auf einem Schulgelände oder unter unserem Gartenhäuschen ist er aber ein Stück der durch den Menschen veränderten Natur.

Ebenso wie ein Steinmarder; in einem katzenlosen Familienhaus sorgt er für einen „mausfreien" Wohnkomfort. Die Bauschäden im Dachaufbau sind der Preis dafür. Von ihm verursacht müssen diese entstandenen Probleme vom Menschen korrigiert werden. Eine mögliche Lösung wäre der Lebendfang (Kap. VI) und eine darauf folgende Auswilderungen (Kap. VII). Hier wird auch begründet, warum man nicht alle gefangenen Tiere wieder woanders auswildern soll.

Die Fallenjagd und auch die eventuelle Auswilderung des Wildes setzen die Mindestkenntnisse des Tierverhaltens voraus. Fangen wir mal an mit dem Haarwild, dem häufigsten Vertreter der Säugetiere in den befriedeten Bezirken.

I. ROTFUCHS

So und nicht anders heißt „der Unsere." Mohrfuchs, Silberfuchs, usw. sind nur durch Biotopanpassungen oder Züchtungen in Pelzfarmen entstandene Schläge. In der freien Natur ist er nachtaktiv und sehr scheu, als Kulturfolger ist er immer mehr tagsüber nach der Brotzeitpause auf Schulgeländen anzutreffen. Nachdem die letzten Gäste die Biergärten verlassen haben, kommen gleich die ersten Füchse. Die Welpen, die unter einem Gartenhäuschen geboren und von Hausbewohnern täglich und bei Tageslicht gefüttert worden sind, lernen einen anderen Lebenszyklus kennen: dass der Mensch kein Feind ist, sondern ein braver Delikatessenlieferant und vererben ihre neue Verhaltensweise weiter. Der Stadtfuchs ist also keine neue Züchtung, er ist nur anders erzogen worden. Er ist der Kultur der Wegwerfgesellschaft gefolgt – ein Kulturfolger.

In der freien Natur in der Dunkelheit begreift so mancher Mensch, dass er dort der Störfaktor ist. Beim Antreffen des Fuchses am Vormittag nach einer Zigarettenpause in einem Schulhof ist schnell die Behauptung „der ist krank" aufgetischt. Abnormal durch seine Anpassungsfähigkeit schon, krank noch lange nicht. Trotzdem ist der Schulhof für unsere Kinder da und sie sind auch vor dem Fuchsbandwurm und sonstigen Parasiten zu schützen. Für die vom Fuchs gebrachten Parasiten ist die untere Jagdbehörde zuständig. Das Tier ist hier zu entfernen.

Um mit dem Fuchs „ins Gespräch zu kommen" sollte man ihm industriell hergestelltes Hundefutter anbieten, wetterfestes, was nicht gleich beim ersten Regen weich wird und unhygienische Zustände darstellt. Hier ein paar Beispiele und Merkmale von abnormalem Verhalten, das auf Krankheiten zurückzuführen ist:

Liegt ein Fuchs in der Mittagszeit in der prallen Sonne, dann ist anzunehmen, dass er damit die Räude kuriert. Hat er die Räude in fortgeschrittenem Stadium, sieht man das am starken Haarausfall. Hier heißt es Selektivbejagung mit anschließender Feuerbestattung. Sieht man nur die Hinterlassenschaften der Tiere, dann sehen wir ca. 10 cm Durchmesser große Flecken auf den Gehwegen. Man sieht hier Mäusehaare, Knochenreste und Obstkerne. Den Rest hat das Regenwasser aufgelöst. Stammt dieses von einem gesunden Tier, bleibt das Gebilde einige Wochen als „Würstchen" liegen. Hier ist es so, dass die an Räude erkrankten Füchse die dadurch verursachten Wunden lecken und damit auch eigenes Blut aufnehmen. Weil kein Organismus eigenes Blut verdauen kann, wird dieses aus dem Körper mit dem Kot ausgeschieden. Kaltwasser löst Blut auf, so wird das Bindemittel Blut in dem Häufchen mit dem ersten Regen aufgelöst. Es bleiben nur die Speisereste übrig. Die Fuchsräude ist unter Füchsen hoch ansteckend und auch Haushunde, die in Kontakt mit Füchsen kommen oder den Fuchsbau im Garten erkunden, können sich leicht anstecken und ähnliche Symptome entwickeln. Selbst beim Menschen, der eigentlich kein Wirt für den Fuchsräudeerreger ist, kann es zur Ausbildung der Pseudokrätze kommen.

Häufig kommt es vor, dass man zum Ende der Aufzuchtzeit gerufen wird, um ein „krankes" Jungtier, einen Fuchs, Marderwelpen, jungen Dachs oder Wildkaninchen „zu retten". Diese Tiere werden blind geboren, manche davon bleiben blind. In dem Moment, wenn sie auf der ersten „Jagdreise" mit der Mutter den Anschluss zur Familie verpassen, greift die Härte der Natur ein. Die natürliche Selektion. In der freien Natur bemerkt ein Mensch kaum was davon. In der Stadt sitzen die Jungen in den Morgenstunden in den Mühltonnenhäuschen, Tiefgaragen oder auf offener Straße und warten vergeblich auf die Tierrettung. Eine Hundemarke am Hals mit der Rechnungsadresse haben sie ja nicht.

Auch hier, in einem Gesetz der Natur, habe ich eine Gesetzeslücke erleben dürfen. Ein kranker Dachs wurde bei mir gemeldet. Obwohl er sonst nachtaktiv ist, hatte er tagsüber mehrere Male vorbeigehende Menschen angefaucht und „Zähne gezeigt". Bei näherem Beobachten der Geschichte stellte ich fest, dass dieser „kranke Dachs" sehr vital war und dass er ausschließlich mit einem Fuchs unterwegs war. Die anschließende veterinärmedizinische Untersuchung hatte seine Blindheit ans Tageslicht gebracht. Die Gesellschaft mit dem Fuchs war eine Überlebensstrategie.

Das Phänomen scheuloser Füchse geistert seit einigen Jahren in Mitteleuropa herum. Die meisten Füchse in unserer Natur sind aber völlig gesund und weisen ein normales Verhalten auf. Durch die natürliche Auslese (Räude) verendeten die Füchse in einem mir gut bekannten Gebiet. Interessant war es zu beobachten, wie sich die aus der Wildnis kommenden Nachzügler verhalten haben. Spät in der Nacht hatte man zuerst aus der Dunkelheit die Lichter (Augen) strahlen sehen. Freies Gelände haben die Neulinge mehrmals umkreist, um die Witterung und damit die reine Luft zu testen. Wo immer ich mich auch platziert habe, konnte ich bald voraussagen, wann der Fuchs abzieht. Nämlich, in dem Moment, in dem er in seiner Umkreisung „meinen Wind" aufgenommen hat. Der in der Stadt geborene Fuchs hat dieses Verhalten aus nachvollziehbaren Gründen nicht mehr. Dafür kann er einen bis zu zwei Meter hohen Zaun überklettern, was der „Wildfuchs" nicht wagt. Die Hierarchie unter den Wildtieren in der freien Natur funktioniert auf allen Gebieten, in Bezirken mit einer zu hohen Wilddichte meistens nur noch aus Futterneid. Soviel zum Fuchs.

2. STEINMARDER

Auch Weißkehlchen oder aus nachvollziehbaren Gründen Haus- bzw. Automarder genannt. Sein größerer Artgenosse ist der Baummarder, auch als Gelbkehlchen oder Edelmarder bekannt. Sollte ein marderartiges Beutetier etwa gleicher Größe keinen weißen oder gelben Kehlfleck haben, dann handelt es sich hierbei um einen Iltis. In einer handzahmen Form heißt er dann Frettchen. Der Stadtjäger wird fast nur mit dem „Haus- oder Automarder" konfrontiert. Seine nächtlichen akustischen Aktivitäten im Dachaufbau oder seine Fußspuren auf einem polierten Autolack können hysterische Anfälle der dazugehörigen Besitzer verursachen. Hier das für uns Relevante aus seinem Verhalten:

Der Steinmarder ist stubenrein! Er hat seinen Lebensraum aufgeteilt in Schlafzimmer, Wohnzimmer, Speisezimmer und Toilette. In seinem Schlafzimmer gräbt er sich in Styropor- oder Glaswolle-Wärmedämmung Mulden, genau auf Maß seines zusammengerollten Körpers. Das Wohnzimmer ist sein Jagdrevier. Die Jagdbeute oder aus dem Nest geraubte Eier frisst er nie vor Ort! Er eilt damit in seinen Speisesaal, in der Regel die ersten Quadratmeter in Haus oder Scheune wo er sich sicher fühlt. Er ist ein Feinschmecker. Hier genießt er seinen Jagderfolg. Er und sein Nachwuchs fressen nur Frischfleisch! Also nur ein Tag alt, den Rest lassen sie liegen (da freuen sich die Fliegen). Die weiteste Ecke von seinem Fressplatz weg auf dem Dachboden ist die Toilette. Hier frisst er genauso, wie in seinem Schlafplatz, nie etwas.

Nicht nur ordentlich in seinem Haushalt, aber auch zuverlässig in seinen „Terminvereinbarungen" ist der Marder. Seine Jagdausflüge scheinen genau geplant und organisiert zu sein. Wenn er einmal „sein" Ei abgeholt hat, kommt er regelmäßig jeden zweiten oder dritten Tag um dieselbe Zeit wieder. Selten holt er sich das erste Ei, Katzenfutter oder Trockenobst direkt aus der Falle heraus. Er ist sehr, sehr misstrauisch. Das erste Ei soll er sich aus der natürlichen Umgebung holen, das ca. fünfte und letzte aus der fängisch gestellten Falle.

Die Speisereste des Marders, dekoriert mit ein paar Fleischfliegen, ergeben auf der abgehängten Großraumbürodecke eine beachtenswerte Mischung aus Aasgeruch und Fleischmaden. Zum Verhalten der Made ist hinzuzufügen dass sie sich nach dem Fettfressen zum Schutz und zur Weiterentwicklung in die Erde eingräbt. Hier die abgehängte Decke, der freie Fall auf den Schreibtisch, weitere Schutzsuche im Computer bzw. in den Schubladen des Schreibtisches. Endstation Teppichboden.

Es muss aber nicht immer ein Großraumbüro sein. Bevorzugt werden alle durch den Mondschein, von Menschen befreite Hausräume, Gewerberäume, Schulen, Kindergärten und Verkaufsräume. Dass es wesentlich einfacher ist, sich eine Schlafmulde in einer Dachwärmedämmung aus Styropor oder Glaswolle herzustellen als in einem Felsen herum zu kratzen und die Zugerscheinungen, die Menschen Bauphysik bzw. Belüftung nennen, ausschalten, hat der Steinmarder schnell heraus.

Schlaflose Nächte, hohe Heizkosten, der muffige Geruch der erstickten Dachlatten untermalt mit Urin und Kotgeruch verwandeln die sonst so beliebte Dachwohnung oder das Hotelzimmer in eine unbewohnbare Rumpelkammer. Die Bauschäden bei Wärmedämmungen, abgehängten Decken und sonstigem werden dann oft sehr kostenintensiv.

Die klassischen Marderschäden sind angebissene Gummischläuche im KFZ-Bereich. In einem Fall hatte eine Marderfamilie sämtliche Gummiteile eines Kleinbusses beschädigt. Fensterdichtungen, Scheibenwischer, Gummimanschetten an der Achse und Wasserschläuche. Auf einem berühmten Plexiglasdach haben die Marder die Gummidichtungen herausgezogen. Es gibt unzählige wissenschaftliche Begründungen, warum Plastikgummi die Marder fasziniert bzw. provoziert. Mit einer Portion Logik behaftet, ist für mich die Theorie, dass die Materialien nach Fisch riechen. Das Fischmehl wurde in manchen Bereichen als Futtermittel verboten. Angeblich wurde es dann bei der Herstellung der „wohlriechenden und schmeckenden" Materialien verwendet.

Der Hausmarder ist ohne Zweifel ein sehr handwerkerfreundliches Wesen. Als ein Adrenalin produzierendes Geduldspiel ist ein Marderfang anzusehen.

3. WILDKANINCHEN

Es kann leicht der Eindruck entstehen, dass jeder Kaninchen kennt und dass sich jeder Kommentar dazu erübrigt. Trotzdem gibt es jede Menge von lustigen und auch peinlichen Geschichten wenn z.B. ein Feldhase mit einem Wildkaninchen verwechselt wurde.

Fangen wir mal mit der Geburt an: Ein Wildkaninchen gräbt sich so wie ein Fuchs oder Dachs einen sogenannten Erdbau. Hier werden auch die Jungen geboren, blind und nackt. Nach ca. zehn Tagen können sie sehen, dann kommt der Haarwuchs. Der Feldhase wird dagegen behaart und sehend auf einer Wiese oder sonst wo in der Botanik geboren. Er ist sofort fluchtfähig, was bei einem Wildkaninchen nicht der Fall ist.

Ein zu dreiviertel ausgewachsener Hase kann durchaus mit einem Kaninchen verwechselt werden. In erwachsenem Zustand ist der Hase ca. doppelt so groß, die Ohren sind doppelt so lang. Das Wildkaninchen ist ein Kulturfolger, er lässt sich zähmen und ist dann der berühmte „Zwerghase", das Familienmitglied. Ein Feldhase überlebt in der Gefangenschaft nur sehr selten. Die Stadtparkpopulationen der „Wildkaninchen" sind meistens auf Aussetzung der Hauskaninchen zurückzuführen.

Die „Weihnachtsgeschenke" welcher Farbe auch immer, werden, soweit sie die nicht fachgerechte Auswilderung überleben, spätestens nach zwei Generationen grau, einige davon schwarz.

Australische Wildkaninchenverhältnisse drohen uns hier nicht, weil sie bei uns beginnend mit der Hauskatze und Überpopulation von Fuchs und Marder genügend Feinde haben. Auch durch Krankheiten werden sie stark reduziert. Insofern könnte bei uns der Schutz der Elterntiere in der Aufzuchtzeit zu Gunsten der Tiere geregelt und das Auswilderungsverbot für die Wildkaninchen gelockert werden.

Das Kaninchen hat ähnlich wie ein Marder seinen Lebensraum in Bereiche aufgeteilt. Schlafraum ist meistens sein Erdbau, als Speiseplatz wird gerne der Schrebergarten oder die Friedhofbepflanzung angenommen. Aus hygienischen Gründen ist die Toilette auf dem sonnigsten Plätzchen seines Aktionsraumes. Es ist falsch zu glauben, dass die Lieblingsspeise des Wildkaninchens der Kopfsalat ist. In einem Schrebergarten geht er gerne an ihm vorbei. Ein frischer Schnittlauch, Gemüse, Rosen samt Wurzeln und Grabbepflanzungen knappert er gerne an. Im Winter ist es die Rinde der jungen Obstbäume. Was nicht mehr angewachsen ist, beißt er in der freien Natur nicht an. Als Lockmittel in einer Lebendfangfalle eignet sich am besten Schnittlauch samt Blumentopf oder nur der Geruch von Artgenossen, am besten die Witterung des Rivalen aus dem Nachbarrevier. Will man es direkt aus dem Bau lebend fangen, dann am besten mit einem Frettchen. Das Frettchen verletzt das Wildkaninchen dabei nicht, denn das Frettchen kennt nur Katzenfutter. Das weiß aber das Kaninchen nicht und flüchtet vor dem Frettchen aus seinem Kessel (Wohnzimmer) in das draußen vorbereitete Fangnetz.

Wie schon erwähnt, darf das Kaninchen nicht ausgewildert werden. Trotzdem habe ich jede beim Frettieren gefangene Häsin, die Milch hatte, wieder zu ihren Jungen in die Setzröhre zurück hineingeschoben. Kollegen, die in Frühjahrsmonaten auf eine Häsin schießen, obwohl sie rundum noch ganz kleine Jungtiere sehen – mit solchen „Artgenossen" und dazugehörigem Charakter kann man nur Mitleid haben, obwohl sie für die Pro-

vokation der Öffentlichkeit juristisch kaum zu belangen sind. Siehe auch
Kap. 9 – „Die Persönlichkeit des (Stadt-) Jägers".

Zu erwähnen ist eventuell noch, dass Kaninchen rot urinieren. An einem
schönen ruhigen Wintertag arbeitete ich an einem berühmten Berg mit
Frettchen. Ein Tourist hatte mir eine Zeit lang zugeschaut. Dann tele-
fonierte er lange und sichtlich aufgeregt. Einige Polizeistreifen und zwei
Tierschutzinspektoren waren dann erstaunlich schnell vor Ort. Die telefonische Anzeige lautete: „Hier ist einer, der mordet Kaninchen, der Schnee
ist schon total mit Blut verschmiert." Dass es sich hierbei um roten Kaninchenurin handelte, wussten auch die Inspektoren nicht. Sie inspizierten die
lebend und unversehrt gefangenen Wildkaninchen. Aus dieser Begegnung
entwickelte sich dann eine langjährige und sinnvolle Zusammenarbeit mit
dem Tierheim.

Es schadet keineswegs, dass die Tierschutzinspektoren und die Tierschützer allgemein ein bisschen Einblick in die Arbeit des „Wildhüters" bzw.
Stadtjägers bekommen und noch wichtiger, umgekehrt. Dann funktioniert
auch hier der goldene Mittelweg ohne Fanatismus zum Nutzen von allen
Beteiligten.

4. WASCHBÄR UND MARDERHUND

Auch hier keine biologischen Vorträge. Wir nennen sie einfach nur Neulinge. Der Waschbär aus Nordamerika, der Marderhund aus Ostasien. Als Allesfresser haben sie sich schnell integriert, mehr als es unserer Fauna und Flora lieb ist. Beide sind nachtaktiv, überwiegend im Wald lebend, obwohl man den Waschbären in Kassel und der Spreewaldgegend schon als Kulturfolger ansehen muss. Als Nesträuber richten beide große Schäden bei Singvogel und Niederwild an.

Der Waschbär gehört der Familie der Kleinbären an. Seine ca. 25 cm lange flauschige Rute zeigt meistens schwarzweiße Ringe auf. Der Marderhund gehört zur Familie der Hunde, seine Rute ist ca. 15 cm lang, dunkelbraun, ohne Bänderung, was als sicheres Unterscheidungsmerkmal zu einem Waschbären gilt. Der Waschbär ist sehr geschickt, man sagt ihm eine technische Begabung nach, insbesondere beim Zerlegen von Vogelhäuschen mit Jungvögeln. Bei der Fallenjagd ist dieser „Techniker" besonders zu behandeln, siehe Kap. VI. Es gibt auch schon Bücher, in denen der Waschbär als „putziges Hauskätzchen" dargestellt wird. Putzig für das Auge schon, als Schmusetier im Haus nachtaktiv, wegen seiner Scheu, angeborener Wehrhaftigkeit und des „Geruchs" keineswegs.

Vor dem Jagdgesetz gehören beide, begründeter Weise, zum Wild ohne Schonzeit, belegt mit dem Auswilderungsverbot.

5. WILDSCHWEIN

Noch vor einigen Jahren war das Wildschwein etwas weit Entferntes, ein seltsames, nur aus geheimnisvollen Erzählungen, bekanntes Wesen. „Künstlerisch dargestellt" wurde es auf den in fast jeder Jägerstube hängenden Bildern. Die Wildsau war immer grunzend am Boden gestanden, der Jäger aus welchem Grund auch immer, saß auf dem Baum. Bei den teureren Bildern war wegen mehr „Kreativitätsverbrauch" das Jagdgewehr im Besitz der Sau. Inzwischen hat sich das Bild ein bisschen verändert. Durch den intensiven Maisanbau, direkt an der Dorfgrenze ist auch der „Maisbewohner" ein Stück näher an unsere Haustüre gerückt.

Vor einigen Jahren habe ich mir einen Vortrag mit dem Thema „Schwarzwild in der Großstadt" in Berlin angehört. Wir staunten nicht schlecht, als uns die Referenten nach Grunewald mitgenommen haben. Wir haben verwüstete Vorgärten, zerstörte Zäune und durchwühlte Abfallkörbe gesehen. Der Höhepunkt der Veranstaltung war eine säugende Bache auf einem Grünstreifen zwischen zwei befahrenen Straßen. Wir haben sie so fotografiert, dass wir den parkenden Mercedes mit dem Berliner Kennzeichen als Hintergrund hatten.

Die Großstadtprobleme im Rest der Republik sehen bald überall fast gleich aus. Vermutlich durch freilaufende Hunde werden in der Nacht die Wildschweine in die bewohnten Gebiete hineingetrieben. In der Dämmerung sind sie noch ruhig und suchen einen „Ausweg" aus der menschlichen Betonwildnis. Bei ankommendem Tageslicht entsteht dann die Panik. Die Sau wird immer schneller. Hier heißt es: Gewicht x Geschwindigkeit ergibt

Kraft durch Schaufenster, die in der freien Natur nicht vorkommen und deshalb leicht zu übersehen sind. Die im Weg stehenden Mitbürger werden oft „mitgenommen". Von Polizeieinsätzen in Sachen „Wildsau im Bäckerladen" wurde oft berichtet. Dem Kap. V sind einige Gedanken zu entnehmen, wie man die schwarzen 30 bis ca. 130 kg zunächst stoppen kann, um größere Risiken und Schäden zu vermeiden. Der vorgeschriebene großkalibrige Schuss ist hier nicht möglich. Fast alle Alternativen müssen zuerst durch die Bürokratie. Die organisierte Unverantwortlichkeit ist hier durchaus funktionsfähig. Selbst wenn der Maisanbau, aus welchem Grund auch immer, reduziert werden sollte, glaube ich nicht daran, dass uns der äußerst anpassungsfähige Schwarzkittel freiwillig verlässt. Das Thema und die Herausforderung auf einem Friedhof das „liebe Schweinchen" unter der Assistenz von Polizei, Feuerwehr, Tierschützern und Neugierigen zu stoppen ist noch nicht vom Tisch. Zur Beobachtung der Schwarzwildbestände in Deutschland wurde vom Schwarzwild-Arbeitskreis ein Monitoring eingeführt. Dieses Schwarzwildmonitoring umfasst allerdings nicht die befriedeten Bezirke. Das hat die flexible Wildsau schnell erkannt und diese als Ruhezonen angenommen. Bleibt uns nur die Hoffnung, dass sie nicht zum Kulturfolger wie Fuchs und Kaninchen wird.

Federwild, auch Flugwild genannt, ist der Begriff für alle gefiederten Tiere, die dem Jagdgesetz unterliegen. Nachfolgend nur einige, uns tangierende, beflügelte Mitbewohner davon:

6. RABEN- UND NEBELKRÄHEN
(Naturschutzgesetz beachten)

Die Reviere der beiden trennt die Elbe. Die juristische Problematik sowie die Probleme auf dem Land und in den Städten lassen uns die beiden zusammenfassen: Draußen auf dem Land sorgen die intelligenten Vögel für Konflikte zwischen Landwirten und Jägern. Sie verursachen beträchtliche Schäden und Folgeschäden, wie z. B. das Anpicken von Silobällen, was zum Verschimmeln der Silage führt. Die noch nicht sichtbaren Schimmelbildungen werden dann mitverfüttert, bei Nutztieren entstehen dadurch oft Infektionen und damit unübersehbare Folgekosten. Die Landwirte suchen die Lösung beim ersten Vertragspartner, dem Jäger. Aus welchem Grund auch immer meistens eine gesetzliche „Sackgasse".

In der Stadt heißen die Probleme anders: Nesträuber der Singvogelnester, Verkotung, Lärmbelästigung, Angriffslust, Schäden in den Baumschulen und Gärten. Wir sollten unseren schwarzen Mitbewohnern aber auch einige Pluspunkte zukommen lassen. Als „Gesundheitspolizei" entsorgen sie gemeinsam mit dem Fuchs Kadaver in unseren Städten, verdorbene Lebensmittel, die versehentlich auf der Straße gelandet sind und bringen selektiv die schwerkranken Wildtiere zu Fall.

Außer zahlreichen aussichtslosen Vergrämungsversuchen (beschrieben in Kap. VII) und den nachfolgenden lustigen Rabengeschichten gibt es in diesem Buch nichts zu finden, womit man unsere Gemeinden und Städte von unseren dunklen Mitgeschöpfen befreien könnte.

KURZGESCHICHTE: DIE RABENMUTTER

In einem Kindergarten herrschte im Frühjahr ganz große Aufregung. Rabenkrähen attackierten die Kinder auf der Spielwiese. Ich sollte den großen Retter spielen. Bei meiner Ankunft traf ich aufgeregte Kinder, die mit den Nasen an der Innenscheibe des Fensters klebten. „Da draußen!", meldeten sie alle. Ich wartete bis alle ausgeredet hatten und fing an, wie in einem Märchen zu erzählen, wie es da draußen in der Natur so funktioniert:

Die großen und zahlreichen Augen klebten jetzt an meinem Vollbart. Ich erzählte, dass irgendwo in dem Spielgarten ein Rabenkind in Not sein muss und dass es bei Tieren so ist, dass die Eltern die Kinder verteidigen und beschützen. Wenn aber die menschlichen Kinder auch draußen spielen wollen, dann hatte die Rabenmutter das wohl falsch verstanden und versuchte ihr Kind zu schützen. „Meine Mama macht das mit mir

nicht", kam es aus dem Publikum. „Naja, das ist eben auch keine „Rabenmutter""" Funkstille – geschmunzelt hatte nur die Erzieherin. Da habe ich
wohl Blödsinn erzählt, dachte ich mir. Ich ging nach draußen und fand
tatsächlich einen Jungvogel, eingeklemmt in einem gegabelten Baum. In
lauter Begleitung von circa 30 bis 50 Rabenkrähen trug ich den Kleinen
in die hinterste, dicht mit Sträuchern bewachsene Ecke des Grundstücks.
Wie auf Kommando herrschte plötzlich entspannte Stille. Die Rabenmutter hatte ihr Junges wieder und die Kinder aus diesem Großstadtkinder-
garten sind der Natur ein winziges Stück näher gerückt.

KURZGESCHICHTE: JAKOB, DER RABE

An einem Herbstabend kam ein Hilferuf aus einem Krankenhaus. Es hieß,
dass zahlreiche Rabenkrähen durch ein offenes Fenster auf die Intensiv-
station hineingeflogen sind und sich nicht vertreiben ließen. Geglaubt habe
ich es erst, als ich es gesehen habe. Einige Raben klauten den Patienten das
Essen von den Tellern. Die Stationsschwestern waren verzweifelt, die gerade aus der Narkose aufgewachten Patienten, die einen schwarzen Vogel
auf der Bettkante gesehen haben, dachten „Es ist soweit". Ich, bewusst
wie ein Handwerker angezogen, stehe ratlos dazwischen. Eine Schwester,
die anscheinend wusste, dass ich in der Funktion des Stadtjägers anwesend
war, kam auf mich zu und sagte ganz leise: „Aber dem Jakob, dem tun sie
nichts oder?". „Wer ist der Jakob? Raus mit der Sprache!" Nach kurzem
Zögern kam die Geschichte: Ein Patient musste operiert werden. Weil er
niemanden, außer einem handzahmen Raben hatte, nahm er seinen Mitbewohner ins Krankenhaus mit. Dieses liebe Schwesterherz wusste davon
und machte mittags immer das Fenster auf, damit Jakob ein gemeinsames
Mittagsessen mit seinem Herrchen nehmen konnte. Nach der Operation
ist dieses Management ein bisschen aus den Fugen geraten. Die wilden
Raben haben es schnell begriffen und flogen mit zum gedeckten Tisch auf
der Station. Mit der Entlassung des gesundeten Patienten ist dann auch
das Rabenproblem „abgeflogen".

7. VERWILDERTE HAUSTAUBE

Sie unterliegt nicht dem Jagdrecht. Zuständig sind hier Veterinärämter, Umweltschutzreferate und Tierschutzorganisationen. Im juristischen Bereich ist hier besondere Vorsicht zu empfehlen. Die „Stimme des Volkes" spricht hier nur von Hass oder Liebe. Sachliche Vorträge sind nur selten zu hören. Entweder werden unverhältnismäßig große Beträge für übertriebenes Taubenmanagement ausgegeben oder es werden Selbstjustizstimmen laut. Interessant sind sie trotzdem.

Einige Jahre lang konnte ich aus meinem Bürofenster beobachten, dass sie ein Silo (Getreideturm) gemieden haben, solange der Funkverstärkermast auf dem Dach in Betrieb war. Und das alles trotz des herumliegenden Futterangebotes. Mit den Reparaturtechnikern saßen auch die Stadttauben neben dem vorübergehend strahlungslosen Mast mit auf dem Dach. Angeblich schützen die Tauben ebenso wie die Bienen durch das Fernbleiben von intakten Funkmasten das Orientierungsorgan in ihren Köpfen (Magnetiden).

8. WASSERVÖGEL

Hier ist der häufigste Vertreter die Stockente. Die Problematik entsteht meistens erst nach der Verpaarung mit der flugunfähigen Hausente. Im Winter frieren sie im Eis ein oder werden auf den Eisflächen oder in Parks von nicht ausgebildeten Haushunden gejagt und verletzt. Man sollte hier kompromisslos die flugunfähigen Enten der Natur entnehmen.

Schwäne sind standorttreu. Für Parkbesucher steht an einem kleinen Stadtparkweiher ein Schwanenpaar für Idylle. Nach der Brutzeit schwimmt eine Schwanenfamilie mit fünf Jungtieren auf der Wasseroberfläche. Die Wasserpflanzen sind bald vertilgt, die Photosynthese funktioniert nicht mehr, das Wasser „kippt um". Wasserflöhe und der Kot der Tiere geben dem Wasser den Rest. Die zusätzliche Fütterung der Jungtiere an gewohnten

Plätzen durch Liebhaber sorgt für die Aufnahme des eigenen Kotes mit dem Futter. Das alles fördert Kolibakterien wodurch zahleiche Jungtiere verenden bevor sie flugfähig geworden sind.

Die Graugans ist ein Grasfresser. Sie bevorzugt als Ruheplatz abgemähte Wiesen, Liegewiesen der Badegäste, gesäuberte Parks und Friedhofsgehwege. Einige wirksame Vergrämungsmethoden sind dem Kap. VII zu entnehmen. Vermutlich, bedingt durch den „Arbeitsgeruch" und die damit verbundenen Kosten, wurden die von mir ausgearbeiteten Vergrämungen in einem Stadtpark nicht in die Praxis umgesetzt. Die Reinigung der Gehwege, Liegewiesen und Inseln übersteigen oft die zur Verfügung stehenden Mittel. Dabei sollte die Hygiene hier oberste Priorität haben. Flugunfähige Tiere sind hier ebenfalls zu entfernen.

9. AUSGESETZTE BZW. VERWILDERTE HAUSTIERE

Es wäre falsch zu denken, dass sie ein juristisches Niemandsland sind. Dem Jagdgesetz unterliegen sie nicht, das Tierschutzgesetz ist hier aber zu akzeptieren. Die Naturgesetze sollten hier vom Menschen zumindest in seine Gedanken mit einbezogen werden. Die behördlichen Kompetenzen sind einmal beim Umweltschutzreferat, einmal beim Veterinäramt oder es ist einfach die Gemeinde zuständig. Aus Kostengründen wird die Zuständigkeit, wie alles andere, einfach hin und her geschoben.

KURZGESCHICHTE: HASI

Die Kinder sollten durch die übertragene Verantwortung für den Zwerghasen etwas lernen. Die Mutter macht es den Kindern vor, und das meistens das ganze Hasenleben lang, außer sie kommt auf die Idee, „Integrationsforschung" zu betreiben und diese auf „Vordermann" zu bringen. Tierversuche sind nicht gerade der Renner, aber trotzdem muss der Hoppel Hase herhalten.

Bei Nacht und Nebel landet das so geliebte Haustier im Kindergartengelände oder in einem Park. „Da wohnen schon viele, da wird er es schön haben." Oder die Erinnerungen werden wach. „Die Oma liebte ihn doch so" – am nächsten Tag ist er auf dem Friedhof. In der ersten Nacht sitzt er einsam und verlassen auf einer riesig großen Wiese. Mal leistet ihm der Fuchs, Marder oder ein streunender Hund Gesellschaft, ein anderes Mal kommt ein Greifvogel vorbeigeflogen. Gleich am nächsten Tag kommt die Familie zu Besuch. „Hurra! Hasi hat geheiratet! Er ist mit seiner Frau im Kaninchenschloss."

Oder es kam ein Stadtjäger mit seinem Enkelsohn und dann durfte eine andere Mama die Verantwortung für Hasi ein Hasileben lang übernehmen. Sollte er am nächsten Morgen noch da sein, schaut er recht dumm aus der Wäsche. Er weiß nicht, wo es was zu trinken gibt, er weiß nicht, wie man sich einen Kaninchenbau gräbt, er kennt die Reviergrenze nicht, von den Bräuchen und Gewohnheiten der alteingesessenen Artgenossen hat er keine Ahnung. Die Hasenprinzessinnen werden verteidigt und das nicht zu zimperlich. Er ist weiß und nicht grau wie es hier im Kaninchenpark so Brauch ist. Die Naturgesetze sprechen hier eine ganz andere Sprache. Hier ist alles falsch, nicht nur das Hamsterrad im Kaninchenkäfig.

KURZGESCHICHTE: FREDI

Gerüchten zufolge hatte ein Zoohändler 2000 Frettchen-Welpen in den Handel gebracht. Und so ereignete sich in einem Haushalt folgende Geschichte: Rosi kam nach Hause und so sprach sie zu ihrer Mutter: „Die Tussi kam zur Schule mit einem Frettchen an der Leine. Die Buben, auch der Maxl sind herumgestanden und haben das blöde Vieh bewundert. So was will ich auch haben!" Als „Neuerscheinung" untermalt, mit ein bisschen Neugier und ein bisschen Neid, waren die 2000 Kreaturen bald unter das Volk gebracht. Der unangenehme Geruch im Schlafzimmer der Eltern kam diesmal nicht vom Vater und seinem Knoblauchgewürz, sondern aus dem Frettchenkäfig. Das allwissende Internet meint: „Kastrieren!" Nein, nicht den Vater. Der Fredi war gemeint. Die Tierärzte freuten sich und lobten den Frettchenhändler sehr, denn obwohl das Herausoperieren der Duftdrüsen verboten ist, ist die Kastration ein gutes Geschäft. Dadurch werden zwar die Nachzuchtprobleme eingeschränkt, keineswegs aber die Geruchsbelästigungen.

Dass das Frettchen ein handzahmer Iltis ist, war bald aus einer Infosendung im Fernsehen zu erfahren. „Wie schön, bei uns im Garten lebt so was wie ein Iltis und der braucht doch Gesellschaft." Und so enden auch viele Frettchen als Iltisse in der freien Natur und finden sich dort sehr schnell zurecht.

KURZGESCHICHTE: SCHNECKEN-ENTEN

Im Garten haben wir Salat angepflanzt, doch die Schnecken waren mit der Ernte schneller als wir. Ha! Die Schnecken-Enten müssen ran. So kauft man ein Entenpärchen der richtigen Rasse. In einer Ecke im Garten haben sie dann gebrütet. Oh, wie putzig, jetzt sind es auf einmal dreizehn. Der Winter steht vor der Tür. Die Bierstube, manchmal auch Wohnzimmer genannt, will der Vater nicht hergeben. Anzeige: „Zu verkaufen/zu verschenken", dann ab mit der Post. Auf dem Fischweiher fliegen schon welche herum. Die Liste der entsorgten Tiere ist erstaunlich lang. Vom Kätzchen bis zum Ozelot, alles war schon da. Mehr in Kap. VII „Auswilderungen".

10. VERHALTEN DER KULTURFOLGER

So wie wir Menschen von der Umgebung der sogenannten guten oder schlechten Gesellschaft beeinflusst werden, so ist es auch bei Tieren. Die in der freien Natur sind scheu, haben einen guten Geruchssinn und hören fast alles. Die Kulturfolger dagegen sind verwöhnt, so wie der beschriebene Rotfuchs. Es wäre falsch zu denken, dass das hier eine Anspielung ist. Ich selbst verteidige mich vehement, obwohl ich auch der Kultur gefolgt bin: der böhmischen Bierkultur, die in Bayern schon längst integriert war. Wie schon erwähnt, der Fuchs hat es schnell begriffen, dass es einfacher ist, in Schulhöfen nach „Leckerlis" zu suchen, als im Stadtpark dem Kaninchen nachzulaufen. Die Reviere sind voll, der Druck wächst.

III. DIE PRAXIS

Wenn wir uns mit wild lebenden Tieren in befriedeten Bezirken befassen wollen, dann sollte uns klar sein, dass wir von jeder Menge Arbeit reden und kaum von der klassischen Jagd. Die Jagdtriebe und die Freizeit werden den Kommunen meistens kostenlos zur Verfügung gestellt. Hier wird der Jagdtrieb an der Ehre gepackt! Dann heißt „die Leine" **ehrenamtlich**. Man muss fest daran glauben, damit es sich dann in der Phantasie des „Gernejägers" um eine Jagdgelegenheit handelt.

Berufsmäßig, ehrenamtlich oder hobbymäßig – eines sollten wir beherzigen, nämlich, dass wir die über Jahrtausende gewachsenen Naturgesetze nicht verändern können, sondern, dass wir uns daran zu halten haben.

Wenn die Jagdbehörde ruft „Wer will im Stadtgebiet jagen?", stehen sehr viele da und halten die Hand hoch, meinen aber mit der Bejagung die zwei restlichen zwischen den Autos überlebenden Hasen. Wenn man fragt „Wer will die kranken Füchse bejagen?", herrscht bedrückende Stille. Wenn man den menschlichen Egoismus ein bisschen einwirken lässt, stellt man fest, dass im Hintergrund eine Antwort steht: außer meinen eingefrorenen „vier Buchstaben" habe ich nichts davon.

Wenn der Jäger nach Hause kommt und er zeigt mit stolz geschwellter Brust einen Hasen, eine Ente oder einen Fasan, dann erntet er die Anerkennung der Familie. Wenn er aber mit gesenktem Haupt einen Fuchs in der Hand hält, heißt es „Ja, spinnst du? Da werden wir ja alle krank!". Wenn er es trotz des teuren Benzins, schlafloser Nächte (der Tag danach ist fast unbrauchbar) in Kauf nimmt und weiterhin zur Fuchsbejagung in die Stadt geht, wo er nicht einmal sagen kann, dass er damit das Niederwild in seinem Revier schützt, dann kommt er sich früher oder später selbst unglaubwürdig vor. Die Frau zuhause fragt ab und zu, wie der „zweibeinige Fuchs" heißt, sonst übergeht sie die Wichtigkeit des Fuchsbejagens stillschweigend oder sie flüstert ganz leise „Ich brauche doch keinen Fuchsmantel". Damit will sie sagen, dass ihr der nicht erkältete Mann als Wärmflasche daheim lieber wäre.

Als Stadtjäger soll man sich aber auch darüber im Klaren sein, dass man hier einen bedeutenden Beitrag zur Gesundheitspflege leistet und dass die Wildtierhege auch in befriedeten Bezirken aus mehrerer Hinsicht sehr wichtig ist (siehe Vorwort). So ist es aus Sicht des Stadtjägers zu sehen. Das leisten aber auch die Jäger ohne angemessene Anerkennung in Jagdrevieren, z. B. im Naturschutz: Bewusst werden die Wildbestände reduziert, anders als in der Forstwirtschaft und im Waldbau, aber mit fast dem gleichen Ziel: die Verbiss-Schäden in verträglichem Rahmen zu halten. Die Fütterung in Notzeiten ist kostspielig, der Zeitaufwand enorm. Hier sollten wir es mehr Ablenkungsfütterung nennen. Das Wild braucht die Nahrung. Das was vom Jäger kommt, muss in der Notzeit vom Wild nicht der Natur als sogenannter Verbiss entnommen werden.

Tierschutz: 24 Stunden Dienst hat der Jäger und Stadtjäger für die von der Polizei gemeldeten verunfallten Wildtiere; oft verbunden mit stundenlanger Nachsuche mitten in der Nacht mit einem gut ausgebildeten Jagdhund bei jedem Wetter, um die an der Straße angefahrene und meist schwer verletzte Kreatur von ihrem Leiden zu erlösen.

Es gibt Jagdreviere und Bezirke, in denen mehr Wild auf der Straße zur Strecke kommt als bewusst vom Jäger der Natur entnommen wird. Hier kommt sich der Jäger wie ein Totengräber vor. Der Jäger sorgt für einen gesunden Wildbestand. Die kranken Tiere werden nach menschlichem Sachverstand aus der Natur herausselektiert, um die Verbreitung von Seuchen, die nicht selten auf den Menschen übertragbar sind, zu minimieren. Die unzähligen Freizeitarbeitsstunden, die in der Hege des Wildes geleistet werden, sollten als gemeinnützige Leistungen respektiert und nicht verspottet werden. Sollte aus steuerlichen Gründen bei Revierpächtern die Buchführungspflicht eingeführt werden, wäre dies nach Gegenüberstellung von Leistungen und Erlösen für den Fiskus mit Sicherheit ein Schuss nach hinten.

Die Lebensbedingungen ändern sich nicht nur für uns Menschen, sondern auch für die frei lebenden Tiere. So hat der schlaue Fuchs schnell gelernt, dass es wesentlich einfacher ist, die Brotzeitreste auf dem Schulgelände einzusammeln, als dem Hasen nachzulaufen. Der Fuchsbandwurm und die Krankheit Fuchsräude erschweren es dem Fuchs, die Sympathie der Menschen zu erobern. Der Steinmarder wurde aus nachvollziehbaren Gründen zum „Hausmarder" umgetauft.

Allerdings verträgt das von Menschen bewohnte Haus einiges weniger als die Felsen in der freien Natur. Es folgt das Telefonieren, die Telefonliste wird immer länger. Irgendwann landet man doch bei der zuständigen Unteren Jagdbehörde, die für die Bejagung der befriedeten Bezirke zuständig ist. Der Jäger wird ausgewählt, steht nun vor Ort und spricht von verschiedenen Möglichkeiten. Er spricht von der Vergrämung, dem unversehrten Lebendfang, der Immobilisation oder der klassischen Bejagung mit der Waffe. Für das herrenlose Tier und damit verbundene Kosten ist jetzt der Grundeigentümer zuständig. Da muss ein Hobbyjäger her! Da oben in der Dachgeschosswohnung wohnt nur ein Rentner, da kann man „langsam vorbeischießen". Die Fallenjagd stinkt zu sehr nach viel Arbeit. Wer zahlt denn das? Der Aha-Effekt ist eingetreten. Doch der Verursacher! Aber wem gehört der eigentlich? Der Stadt oder der Gemeinde? „Na denen werde ich was blasen!" Ein Griff zum Telefon und es folgt die kalte Dusche und juristisch kriegsähnliche Zustände. Also: selbst Hand anlegen.

Bei Fuchs, Marder und Wildkaninchen hat der Gesetzgeber dem Grundeigentümer oder einem Nutzungsberechtigten ein beschränktes Jagdausübungsrecht eingeräumt. Dies gilt grundsätzlich nur ohne Schusswaffe, Jagdschein bedarf es hier nicht, die Sachkundigkeit muss aber nachgewiesen werden. Der unversehrte Lebendfang bietet sich hier an. Der angesprochene Sachkundenachweis kann in einem Fallenkurs beim zuständigen Jagdverband erworben werden.

Die Bejagung mit der Waffe wird nur einigen handerlesenen Jagdscheininhabern mit entsprechender Verantwortung, eiserner Selbstdisziplin und vielem mehr gestattet.

In den nachfolgenden Kapiteln finden sich einige Worte über die Persönlichkeit des Stadtjägers. Vergrämungen als Alternative zur Schussabgabe haben eine Wirkungsdauer von drei Tagen bis zu einigen Wochen. Bei der angesprochenen Wildtierimmobilisation handelt es sich um Betäubung der Tiere auf die Entfernung. Der Umgang mit Betäubungswaffen setzt eine gründliche Ausbildung voraus, der Umgang mit Betäubungsmitteln ist gesetzlich strengst geregelt und schränkt die Wildtierimmobilisation maßgeblich ein.

1. FRETTCHEN – FRETTIEREN

Die Frettchen werden einzeln in Kaninchenbauten hineingelassen. Bedingt durch den starken Feindgeruch der handzahmen Iltisse flüchten die Kaninchen aus ihren Verstecken. Draußen werden sie – wie das im richtigen Leben so ist – empfangen und mit einem Netz gefangen. Sie werden weder vom Netz noch von den Frettchen verletzt. Wie schon erwähnt, werden Frettchen nur mit industriell hergestelltem Katzenfutter gefüttert, sodass sie das zum Lebenserhalt notwendige Jagen in der freien Natur nie erlernt haben.

Das wissen aber die Kaninchen nicht. Es ist eine ruhige Jagdart. Problematisch ist die Haltung der Frettchen wegen der Geruchsbelästigung und wegen des damit verbundenen Zeitaufwands und der Kosten. Siehe die Kalkulationskosten des Wildtiermanagements in Kap. 4.

Im Vordergrund meiner Arbeit stand nie die Befriedigung meiner eigenen Jagdtriebe oder der Beutetriebe. Es handelte sich meistens um eine Selektivbejagung oder um Verhinderung von gesundheitlichen oder materiellen Schäden. Bei der Selektivbejagung bilden den größten Teil der zu bearbeitenden Fälle die kranken Füchse und im Straßenverkehr angefahrene Wildtiere. An dieser Stelle fällt es mir schwer, eine passende Bezeichnung für die o.g. „Totengräbertätigkeit" zu finden. Das Wort Jagdschutz wäre auch eine Lüge in die eigene Tasche.

Die befriedeten Bezirke sind nicht groß. Leicht passiert es, dass ein angeschossener kranker Fuchs über die Reviergrenze läuft. Es ist selbstverständlich, dass der Revierpächter von der Polizei informiert wird wenn auf einer Bundesstraße ein Wild angefahren wird. Er holt das Fallwild dann ab oder er sucht mit einem ausgebildeten Jagdhund nach der verletzten Kreatur. In der Großstadt oder in einem Dorf ereignen sich ähnliche Unfälle auch. Wie ist es hier geregelt? Wer ist hier juristisch verpflichtet das Fallwild zu entsorgen und Nachsuche zu leisten? In der Schweiz ist es der Wildhüter, anderswo die Polizei. In manchen größeren Kommunen sind Kommunalreferate bzw. Bauhöfe zuständig. Eine Sache, die in jedem Gebiet vorab geklärt werden soll, sonst wird telefoniert bis die Würmer das verletzte Wild gefressen haben. Wie ist es mit der Nachsuche aus einem befriedeten Bezirk? Erst Antrag stellen? Natürlich sind die Stadtjagdjäger Präzisionsschützen, aber auch nur Menschen, die Fehler machen.

Ein abnormales Verhalten der Füchse beschäftigt die „Wildhüter" in Mitteleuropa:

- Ein Fahrer steigt aus dem Auto. Sein Fuß wurde bei Bodenberührung von einem Fuchs angegriffen – Bissverletzungen.

- Eine Frau wollte mit einem Besen einen Fuchs aus ihrem Garten vertreiben. Einmal hatte sie ihn erwischt. Als sie das zweite Mal das „böse Ding" hochgehalten hat, biss der Fuchs sie in den Fuß. Derselbe Fuchs hat mir einen Tag danach um 18 Uhr beim Aufstellen meiner mobilen Jagdkanzel aus der Entfernung von ca. sechs Metern zugeschaut. Ich ging in aller Ruhe zu meinem Auto holte mein „Werkzeug", es hat „bumm" gemacht und der geheimnisvolle Fuchs ist in meinen Anhänger „eingestiegen". Anschließend habe ich ihn direkt zur veterinärmedizinischen Untersuchung gefahren.

- Eine aufgeregte Familie rief mich an, dass ein Fuchs die im Hasenstall lebenden Kaninchen herausholen will und dass er jeden Abend kommt.

Am nächsten Abend durfte ich den Fuchs auf einer Entfernung von ca. drei Metern mit Hundefutter füttern, zwei Tage später saß er in der Lebendfangfalle.

- Ein Rentner und sein Dackel gingen spazieren. Soweit keine ungewöhnliche Geschichte, wenn der Hund nicht von einem Fuchs angegriffen worden wäre. Der Senior hatte seinen Hund mit dem Stock verteidigt, der Fuchs zeigte dabei keinerlei Fluchtverhalten oder Scheu. Das Hundeherrchen hatte ihn sodann auf die Reise Richtung Himmel geschickt.

- Ein mir seit Jahren bekannter Jäger war auf einem Rehansitz. Die Blase hatte gedrückt, so stieg er ab und ging in die Botanik. Beim Pinkeln sieht er, dass ihm ein Fuchs aus einer Entfernung von ca. zwei Metern zuschaut. Er geht in aller Ruhe zurück auf seinen Hochsitz. Ein Schuss ist gefallen. Einige Stunden später habe ich die Geschichte gehört, nahm den Fuchs und fuhr damit zur veterinärmedizinischen Untersuchung. Außer Spesen und zahlreichen Telefonaten ist bei der Geschichte nichts rausgekommen.

- Aus einem Lebensmittelbetrieb habe ich innerhalb von einigen Monaten acht räudige Füchse im Endstadium entfernt. Bei der Fuchsräude wird die Haut von Milben verletzt. Bedingt durch die Kratzeinwirkung der befallenen Tiere, Bakterien und einigem mehr, schauen bald die blanken Knochen heraus. Ein emotional wirkender Grund, um das Tier von seinem Leiden zu erlösen.

- Die Bewohner einer Bauwagenkolonie am Stadtrand, die am Wochenende nicht nach Hause gefahren sind, grillten Freitagnachmittag und am Abend. Die durch die Räude geschwächten Füchse standen bei Dämmerung in Sichtentfernung und warteten auf Grillreste.

- An den Anlieferungswegen im Lebensmittelbereich entstehen selten, aber doch ab und zu, kleine Überwachungslücken der Waren, die sofort von freilebenden Tieren genutzt werden.

- Zwangsvernichtung des gesamten Metzgerladeninhalts war in einem Fall die Folge.

- An anderer Stelle wurde ein in der Nachbarschaft lebender Turmfalke mit ein wenig Geduld dazu gebracht, auch Tiere zu bejagen die er sonst nicht auf der Speisenkarte hatte. Einige Jahre hatte dieses der Tauben-Vergrämung dienende „Naturspiel" funktioniert.

- Im Innenhof eines Heimes für Menschen mit Behinderung sind wiederholt Rollstuhlfahrer in die Kaninchenuntergrabungen eingebrochen. Es gab kleine Verletzungen und Sachschäden. Schussabgabe und Fallenjagd konnte man hier nicht praktizieren. Es wurde eine Steinmarderburg gebaut und ein an anderer Stelle gefangener Marder dort angesiedelt. Bald waren sie zu zweit. Ausgezogen ist das Marderpärchen erst als in dem schönen Innenhof keine Kaninchen, Ratten und Vögel mehr zu sehen waren. Eine beachtliche Menge an Knochen, Federn und Igelstacheln wurde auf dem „Speiseplatz" der Marder vorgefunden.

- Kein Verständnis habe ich in einem Kindergarten geerntet, in dem sich eine Leiterin beschwert hatte, dass der Sandkasten voll von Kaninchenkot ist und dass nachts die Füchse kommen, die Kaninchen jagen und die Überwachungskameras beschäftigen. Ich meinte dazu, dass es durchaus von Vorteil sein könnte, da der Sand beim „backe, backe Kuchen" besser zusammenhält. Die Leiterin hatte etliche schreckliche Worte benutzt um meinen schwarzen Humor zu beschreiben. Hier wurde anschließend mit der klassischen Bejagung gearbeitet.

- In einem anderen Kindergarten ist bei einer Elternversammlung Hysterie um den Fuchsbandwurm ausgebrochen. Eine besorgte Mutter hatte es geschafft, mit ihrer Handykamera ein Fuchswelpen und ein Kind im Sandkasten auf ein Bild zu bekommen. Das Foto führte zu einigen Kündigungen der Betreuungsplätze seitens der Eltern. Hier handelte sich möglicherweise um die Welpenblindheit, die bei Jungmardern, Füchsen und Dachsen vorkommt. Der Jungfuchs wurde in dem Sandkasten nicht mehr gesehen, so konnte ich annehmen, dass die natürliche Auslese das Problem aus dieser Welt geschafft hat.

- Etwa sieben Jahre lang betreute ich ein Schulgelände für schwer erziehbare Kinder. Hier haben eindeutig die Füchse die bessere Erziehung gehabt. Sie haben das Gelände zuverlässig von Brotzeitresten gesäubert. Manche Jugendliche haben die Schule auch noch in späteren Abendstunden besucht und nicht gerade salonfähige Unternehmungen durchgeführt, für mich kostenlose Theatervorstellungen. Der einzige, der sich für dieses pädagogische Phänomen interessierte, war der Hausmeister.

- Die Pächter einer Schrebergartenanlage wollten den „Pachtgroschen" reduzieren, mit der Begründung, dass sich dort ein Fuchs herumtreibt und sie könnten infolgedessen das Gemüse nicht mehr essen. Psychologische Abhilfe wurde hier geschaffen, „der böse Wolf" wurde entfernt, die Pacht wurde wieder in voller Höhe bezahlt, das Gemüse hat wieder geschmeckt.

- Im Oktober 2014 bekam ich ein Rundschreiben mit dem Text: „Diesen Sonntagmorgen wurde Ecke Bu...Straße/Be...Straße eine Frau von einem Fuchs verfolgt, welcher ihr in einem Abstand von nur zehn Zentimetern über einen längeren Zeitraum folgte und sich auch nicht gleich verjagen ließ. In der Handtasche befand sich etwas Brot. Der Fuchs war nicht aggressiv und machte einen gesunden Eindruck. Vorsorglich leite ich diese Meldung an Sie weiter, da dieses Verhalten doch von der Norm abweicht und bitte Sie, die Augen in diesem Bereich offen zu halten".

- Nach seltsamen Tieren, die auf der roten Liste stehen, sollte ich suchen. Nach mehreren Betrachtungen der Aktivitäten meines Auftraggebers und des angebotenen Honorars, musste ich passen, weil ich mit einer Fledermaus und dem Igel auch nicht die Baugenehmigung auf dem Nachbargrundstück stoppen konnte. „Sachen gibt's, die gibt es nicht".

- Meistens hat man es hier mit einem Menschen zu tun, der die natürlichen Probleme vervielfacht und verkompliziert.

- Der Stadtjäger ist durchaus mit einem Stadtimker zu vergleichen. Sechs Jahre lang habe ich in einem verlassenen Taubenschlag ca. fünf Meter hoch in der Stadt einige Bienenvölker gehalten. Fleißig haben sie in der benachbarten Gärtnerei Honig gesammelt und die Pflanzen bestäubt. Sechs Jahre lang haben meine Mitarbeiter unter der Einflugschneise der Bienen täglich Fahrzeuge be- und entladen. Alle freuten sich auf ein Glas Honig, die Welt war in Ordnung. Eines Tages kam ein neuer Mitarbeiter, ein talentierter Panikmacher. Ein paar graue Haare sind auf meinem Kopf gewachsen und die Bienen habe ich dann wegen der Lebensgefahr auf dem Land in einem Heustadel unterbringen müssen.

- Eine ähnliche Geschichte gibt es mit brütenden Stockenten auf dem begrünten Flachdach eines Hochhauses. Von März bis Mai rufen besorgte Bürger an und wollen, dass die Entenküken gerettet werden. „Nicht nötig!" lautet die telefonische Beratung. Nachdem sie alle geschlüpft sind, segeln sie wie Schmetterlinge zu Boden und landen sanft neben der Entenmama in der Wiese. Wenn das letzte gelandet ist – wer da nachzählt weiß man nicht – beginnt gleich der große Entenmarsch Richtung Wasser.

- Die materiellen Schäden sind oft mit Emotionen verbunden, die mehr Schmerzen bereiten als der Schaden wert ist. Eine ältere Dame kam auf die Idee, den leerstehenden Dachboden im ihrem Haus zu einer kleinen Wohnung auszubauen, mit der Absicht, diese dann zu vermieten. Ein Innenausbauer hatte alukaschierte Glaswolle zwischen den Dachsparren befestigt. Am nächsten Tag bot sich dort ein Bild der Verwüstung. Die Jungmarder haben alles heruntergerissen, die Alukaschierung (Dampfsperre) beschädigt, sodass man das neuwertige Material gleich entsorgen musste.

- Ein Student in einem Dachgeschosszimmer hatte mal mitten in der Nacht angerufen. Wütend hatte er sein Telefon an die Dachschräge gehalten. „Hören Sie sich das mal an!". Und ich habe gehört, was ich eigentlich schon kannte. Der Student war hellwach, deshalb hatte er die

Frage schon beantwortet, bevor ich sie stellen konnte: Es war drei Uhr morgens.

- Eine ältere Dame wurde mit einem Nervenzusammenbruch in ein Krankenhaus eingeliefert. Damit man sie nicht in eine „spezielle Anstalt" verlegt, hatte sie mich gebeten, ihre Krankheitsgeschichte zu bestätigen. Und so habe ich die Wurzel des Übels vorgefunden: Im Dachaufbau der Dachgeschosswohnung wurden einige Marderjungen zur Welt gebracht. Die nachtaktiven und spielerischen Jungtiere haben ihr den Schlaf geraubt. Die Nerven des Studenten aus der Vorgeschichte hatte sie nicht. Hier war das Wildtierproblem keineswegs übertrieben.

- Eines Tages steht in meinem Büro ein Hotelbesitzer vor mir und will mir unbedingt seine neu eröffneten Dachterrassenappartements mit wunderbaren Blick auf die Berge vorstellen. Passende Fotos hat er auch dabei. Um den „Zeitfresser" loszuwerden, erwiderte ich, dass ich für „Langweiliges-in-die-Berge-Glotzen-und-dafür-auch-noch-zu-zahlen"-Beschäftigungen keine Zeit habe. „Na, na, na! Zahlen brauchen Sie nichts und langweilig wird es bestimmt auch nicht, Sie brauchen nur Ihre Flinte mitzunehmen". Seine Fotopräsentation setzte er mit Fotos der Dachwärmedämmung fort, die inzwischen im Garten lag und den Marderhinterlassenschaften auf den Dachterrassen. Die nächtliche Ruhestörung der Hotelgäste hatte er mit Tonaufnahmen dokumentiert. Aus den Fotos und seinen Erzählungen konnte ich dann mit ein bisschen Phantasie das „Geruchsparadies" erkennen. Ein Fallenkurs für Nichtjäger war hier die Lösung, die dann auch gut funktionierte. Vom Standpunkt eines Unternehmers a.D. darf ich, wie schon erwähnt, behaupten, dass ein Marder durchaus ein Dachdecker-freundliches Wesen ist. Dem Spengler, Klempner oder Flaschner sind wiederum die verwilderten Haustauben mit ihrem Kot in den Dachrinnen sehr hilfreich.

- Das Frettieren und die Tatsache mit dem roten Kaninchenurin wurde schon beschrieben. Einige Monate später kamen auf mich, beim Frettieren an derselben Stelle, zwei etwa zehnjährige Jungen zu, bespuckten mich und meine Frettchen. „Hey, hey womit habe ich das verdient?", fragte ich. „Du bist der Scheißjäger, der den Osterhasen getötet hat!“. „Ja? Wer behauptet denn das?“ „Unser Papa, weil hier keine Ostereier waren.“ „Na, so was ...“, meinte ich. „Der sch... Jäger. Kommt, Buben, wir fangen jetzt den Osterhasen!“. Die großen überraschten Augen der beiden symbolisierten Zustimmung. Zuerst habe ich die beiden die Frettchen streicheln lassen. Dem Größeren habe ich die Verantwortung für den weißen Freddy übertragen, dem Kleinerem für das braune. Ein Netz habe ich über einen Kaninchenbau ausgebreitet, dann durfte ein Frettchen hinein. Lange hatte es nicht gedauert und der Beweis, dass der Osterhase lebt, war im Netz. Friedlich und gelangweilt kam der Freddy hinterher und ließ sich wieder in die Hand nehmen. Ein befehlsmäßiges „Herkommen!“, schallte es von irgendwo her. „Papa, Papa komm mal!“. Mit einiger Geduld haben wir dann den Papa über den Osterhasen aufgeklärt. Ich bin mir ziemlich sicher, dass er das noch heute weiß.

Knochenbrüche, Verstauchungen und daraus resultierende juristische Aktivitäten sind oft die Folgen von Einbrüchen in die Kaninchenuntergrabungen auf Sportplätzen, Schulhöfen und sonstigen öffentlich frequentierten Flächen. Aus diesem Grund war Eile angesagt auf einer für Fußballer bis auf den Rasen von Schnee befreiter Trainingswiese. Aus Sicherheitsgründen wählte ich für die Kaninchenbejagung mit der Waffe eine Schneesturmnacht. Hierzu passt ein beliebter Spruch meiner Frau: „Mein Mann ist Jäger, der Rest der Familie ist normal“. Die normalen Menschen sitzen angeblich in der warmen Stube vor der Glotze. Nun ja. Ich saß da also auf einem Stuhl, die geräumte Wiese war schon wieder weiß, weshalb auf meinem breiten Jägerhut bestimmt schon zehn Zentimeter frischer Schnee gelegen haben müssen. Nach einigen Schneepflugfahrern, die die „bekloppte Schneemannstatur“ schon kannten, kam ein betagtes warm angezogenes Pärchen vorbei. Beide blieben stehen, die Blicke und Sprüche der beiden waren gigantisch: Von „Ist das ein Pantomime?“ bis zu „ist der geisteskrank?“ war alles dabei, bis der Zeitpunkt kam, dass ich lachen und damit meinen eingefrorenen Zustand aufgeben musste.

Ich glaube zu solchen selbstzerstörerischen Herausforderungen muss man geboren sein. In Zeiten, als ich noch jung und stark war, wollte ich

Weltmeister im Motorcross werden. Unmittelbar nach einem verregneten Rennen, der lehmige Boden dekorierte meine JAWA und mich, sodass wir kaum zu erkennen waren, fragte mich eine Journalistin begleitend mit tiefster Abscheu und Mitleidsblicken: „Sie, Sie da hinter dem Dreck, sagen Sie mal ehrlich, warum tut sich ein Mensch so etwas an?“. In aller Ruhe schob ich meine Schutzbrille aus meinem Gesicht und antwortete angeblich mit strahlenden Augen: „Ja, weil es so schön ist“. Diese Antwort war einige Zeit lang mein Markenzeichen. Es kommt immer nur auf den Standpunkt an!

Nun zurück zum Thema.

Auch telefonische Beratung gehört unmittelbar zur Arbeit des Stadtjägers. Am Anfang habe ich jede Beratung als Aktennotiz auf einer Karte notiert. Bald entstand eine Sammlung von einigen hundert Karten. Seit einigen Jahren werden nicht mal mehr die lustigsten oder die aggressivsten Gespräche dokumentiert. Verständlicherweise sind werdende Mütter bzw. Mütter von Säuglingen am meisten besorgt. Fragen wie: „Beißt der Marder mein Kind?“. „Ich habe gelesen, dass der Marder das Blut saugt, passiert dem Baby auf der Dachterrasse wirklich nichts?“. Der Fuchs holt sich seine Jagdbeute bis zu Kitzgröße. „Darf ich den Kinderwagen im Garten stehen lassen?“.

Für mich ist das die Bestätigung, dass der Muttertrieb doch der stärkste auf dieser Erde ist. Die meisten Beratungsgespräche verlaufen sehr freundlich. Kurze Aufklärung, die Angst vor dem „bösem Wolf“ ist weg und die Welt ist wieder in Ordnung. Ab und zu gibt es auch einen Dank am Telefon. Traurig an der Geschichte ist, dass viele Menschen die Hilfe von einem freiwilligen Feuerwehrmann, einem Ehrenamtlichen oder verbeamteten Staatsdiener oder einem Polizisten als selbstverständlich betrachten. Das Motto „Die haben für mich da zu sein“, ist manchmal in höchstem Maße demotivierend. Auf Sätze wie „Sie müssen sofort kommen, ich habe ihre Telefonnummer von der Stadtverwaltung/dem Tierschutz/der Polizei“, reagierte ich nach kurzer Prüfung der Prioritäten meistens mit einem

Kostenschock: „Das muss ich mit dem Vermieter/der Familie oder sonst mit irgendeinem Kostenträger besprechen". Meistens folgte darauf tiefe Funkstille.

Aus Kostengründen wurde ich in einer öffentlichen Parkanlage gegen einen kostenlosen Hobbyjäger ausgewechselt. In der von ihm übernommenen Tätigkeit beschränkte er den Zeitaufwand auf bewaffnete Spaziergänge und das Schießen. Die nach Arbeit aussehenden Bewegungen hatte er aus Imagegründen gemieden. Einige Parkbesucher, die schon fast zum Parkinventar gehörten, haben ein Blatt Papier genommen, und folgendes draufgeschrieben: „Endlich haben wir hier einen Jäger (meines Namens) mit Hirn und den wollen Sie uns jetzt wegnehmen ...".

In der Lokalpresse sind ebenso einige Worte erschienen, z.B. „Selten hatte es ein Jäger geschafft eine Brücke zwischen Tierschützern und Jägern zu schlagen ...". Der Hobbyjäger hat weder den Überblick noch die Motivation solche Situationen zu meistern. Ich, der von der Presse so gelobte Jäger, habe lediglich einige meiner bisherigen Erfahrungen erneut in die Praxis umgesetzt.

Ein paar Worte über den Umgang mit anders denkenden Menschen:

> *Jeder ist berechtigt, seinen eigenen Standpunkt zu haben.*
> *Versuchen wir doch, uns einander anzunähern.*
>
> Unbekannt

Hier und da treffen wir Menschen, die keine Begeisterung für unsere Arbeit aufbringen können. Die meisten wollen uns aber nicht zuhören, sie wollen selbst reden. Also lassen wir sie ausreden und hören sehr aufmerksam zu. Es dauert nicht lang. Und es lohnt sich! Wir wissen dann aus welcher Ecke unser Gegenüber kommt, wie es denkt, wie angriffslustig es ist und vieles mehr. Durch das freundliche Zuhören haben wir das „Überdruckventil" aufgemacht und das meiste „Negative" ausblasen lassen. Mit Bemerkungen wie: „Ja, da muss ich Ihnen recht geben" nehmen wir dem

Angreifer den Wind aus den Segeln. Sendepause! Falls nichts nachkommt, mit möglichst ruhiger und selbstdisziplinierter Stimme dem Mitbürger den Sinn und Zweck unserer Arbeit zu seinem Vorteil, für seine Sicherheit und sein Wohlbefinden im Stadtpark, auf dem Sportplatz oder für seine Kinder im Kindergarten bzw. auf dem Schulgelände erklären. Sollte sich der Hassausdruck in den Augen unseres Zuhörers in einen freundlichen Blick verwandeln, dann wird es Zeit, Abschied zu nehmen. Man soll aufhören, wenn es am Schönsten ist. Falls wir einige Tage später freundlich begrüßt werden, dann will man uns was erzählen. Wir sollen ohne Unterbrechung zuhören. Es dauert nicht lang.

Eine etwa 70-jährige Frau hatte mir nach „Beendigung unserer Feindschaft" ihre Lebensgeschichte erzählt. Als Teenager hatte sie das Elternhaus verlassen. Irgendwo am Bahnhof wurde sie abgefangen, eingesperrt und einige Jahre missbraucht. Nach gelungener Flucht kam sie zu Hause an. Ihre Mutter war inzwischen verstorben. Sie saß weinend auf einer Bank, in einem berühmten Stadtpark. Eine Graugans kam zu ihr, zwickte sie in den Fuß und sie glaubte gehört zu haben: „Komm, in mir lebt die Seele deiner Mutter, gib mir was zu beißen". Sie kam dann fast täglich, mehr als 50 Jahre lang in den Stadtpark, um die kleine Gans und ihre Artgenossen zu füttern und zu schützen. Ich betrachtete das als eine große Ehre für mich, dass sie gerade mir mit meiner Aufgabe des Jägers in diesem Park ihre Geschichte erzählte.

Feindschaften, in welchem Lebensbereich auch immer, entstehen durch Manipulationen Dritter oder durch Mangel an Informationen und Wissen. Oft ist es Leistungsdruck der jungen Journalisten, die unter Zeitdruck durch oberflächlich recherchierte Nachrichten in der Öffentlichkeit ein unvollständiges Bild von einem Beruf oder einer Persönlichkeit zu zeichnen.

Das in einer Lokalzeitung veröffentlichtes Foto eines anderen Jägers mit der Waffe in der Hand und seiner Behauptung, schon einige tausend Füchse geschossen zu haben, hat mich einmal veranlasst, in sportlichem Tempo vor Angreifern in einem öffentlichen Park das Weite zu suchen.

Hier waren diszipliniertes Zuhören und der Versuch, den Konflikt zu entschärfen nicht mehr möglich.

Es folgt ein Beispiel aus der Praxis dafür, dass ein bezahlter Berufsjäger mit vertraglich vereinbarten Pflichten von längerer Nachhaltigkeit ist, als ein Hobbyjäger, der mehr auf seine eigene Freude bedacht ist.

In einem anderen, öffentlich zugängigen Park, haben die Wildkaninchen die aus Australien bekannte Krankheit Myxomatose bekommen. Sie bekommen zu Beginn Durchfall, das Fluchtverhalten geht verloren, sie erblinden. Die natürliche Auslese bietet hier grausame Bilder. Rabenkrähen und Elstern sichern sich ihre Jagdbeute dadurch, dass sie die nicht funktionierenden Augen aus den Körpern der kranken Tiere aushacken. Je nach körperlicher Verfassung und damit oft einhergehendem Parasitenbefall dauert es bis zu zwei Wochen bis die kranken Kaninchen sterben.

Bewusst betone ich hier mein Verständnis für Hobbyjäger. Ein Hobbyjäger macht verständlicherweise um das, was ihm nicht gefällt einen großen Bogen und geht nach Hause. Er hat keinen Grund die an Ekel grenzenden Arbeiten anzunehmen. Als Vertragspartner sammelten wir mit einem

Sozialarbeiter die noch lebenden und verendeten Tiere ein und transportierten sie, nach einer Tierschutzbehandlung (unverzügliches Erlösen des Tieres von seinem Leiden) zur Verbrennung in eine Entsorgungsanlage. Wenn man von Wildtiermanagement spricht, dann sollte hier, so wie in manchen Nachbarländern, von Mitarbeitern in einem festen Arbeitsverhältnis oder vertraglichen Verpflichtungen von Fachleuten mit Übertragung der entsprechenden Verantwortung die Rede sein. Hobbymanager sind für die leistungsintensiven Verantwortungsbereiche nicht geeignet. Die Beschreibung des Berufsbildes könnte meiner Bewerbung von 1999 entnommen werden (wenn man den Wandel der Zeit berücksichtigt).

Hier ein Auszug aus der Bewerbung:

Adressiert an das zuständige
Gartenbaureferat bzw.
an die untere Jagdbehörde

November 1999

Bewerbung für eine freiberufliche Tätigkeit im Wildtiermanagement

Ausbildungen: In meiner Freizeit machte ich den Jagdschein. Ein Leben lang schon betreibe ich Nutztierhaltung als Hobby. Ein Nachweis der waffenrechtlichen Sachkunde für den Umgang mit Narkosewaffen einschließlich veterinärmedizinischer Kenntnisse für die Betäubung von Wildtieren, Ausrüstung und veterinäramtliche Genehmigung sind vorhanden.

Meine Vorkenntnisse und breite Palette an Erfahrungen, auch auf dem Gebiet der nicht dem Jagdgesetz unterliegenden Tiere wie z.B. Ausbildung für die Umsiedlung von Hornissen, Bienen und geschützten Wespen, würde die GmbH Natur-Wildtier-Jagdschutz (GfN mbH) Ihnen gerne zur Verfügung stellen. In der Vergangenheit wurden mir von der

Jagdbehörde verschiedene ehrenamtliche Aufgaben übertragen – verantwortungsbewusst nahm ich diese auf.

Der Umfang der benötigten Aufgaben ist aber unentgeltlich und während der Freizeit nicht zu schaffen, daher bewerbe ich mich hiermit für eine freiberufliche Tätigkeit oder als Beauftragter, vertreten durch die GfN mbH.

Mit der konservativen Bezeichnung „Schuster" oder „Jäger" kommt man heute nicht weit. Deshalb bewerbe ich mich für eine Tätigkeit im Wildtiermanagement, was für alle Beteiligten eine annehmbare Bezeichnung darstellt. Im Allgemeinem sollte das Berufsbild folgende Aufgaben beinhalten: Hilfestellung für die zuständigen Ämter, Behörden und wissenschaftlichen Institutionen: durch rechtzeitiges Erkennen von Schäden, Risiken, und Gefahren. Notwendige Maßnahmen einleiten, um größere Schäden zu verhindern, wie z.B. Verbreitung von Krankheiten und Seuchen durch Untersuchungen des Fallwildes und der kranken Tiere.

Die Übertragung von Krankheiten und Parasiten auf Menschen lässt sich durch eine aktive Vorsorge im Rahmen halten. Es liegt sicherlich auch im öffentlichen Interesse mit einer gesunden Tierwelt in den Kommunen zu leben.

Nachfolgend einige Hinweise zum Inhalt der im Briefkopf der GfN mbH stehenden Bezeichnungen **Natur – Wildtier – Jagdschutz**.

Natur: Bestandsaufnahmen der von Wildtieren verursachten Schäden z.B.: Vernichtung der Wasser-Flora und den Fischlaichplätzen durch Schwanenüberpopulation. Wasser, Gehwege und Wiesenverschmutzungen durch Überpopulation von Wassergeflügel. Untergrabungen in Parks der Fahr-und Gehwege durch Bisam, Kaninchen und Fuchs. Sonstige durch Raben, Marder und Fuchs verursachten wirtschaftlichen Schäden.

Wildtier: Oberste Priorität hat der Schutz der auf der roten Liste stehenden Tiere. Wiederansiedelung von nützlichen Tieren und fördern derselben durch Verbesserung der Ruhezonen, Biotope und geeignete Hege. Regulierung der Überpopulationen durch geeignete Maßnahmen wie z.B. natürliche Auslese durch Fütterungsverbot, Kontrolle und Selektivauslese. Zu bedenken ist, dass der Fuchs keine rote Liste kennt, darüber hinaus ist er eine erhebliche gesundheitliche Gefahr durch Übertragung des Fuchsbandwurmes nicht nur auf Kinder durch Losung (Kot) in den Sandkästen, Übertragung durch Haustiere auf den Menschen und Übertragungsgefahr der Fuchsräude auf Hunde und andere Haustiere. Ein nicht zu unterschätzendes Problem stellen die ausgesetzten Haustiere dar. Bastardieren mit Wildtieren, Krankheitsanfälligkeiten und qualvolles Verenden in der freien Natur sind oft die Folgen.

Jagdschutz: Die Bezeichnung Jagdschutz sollte eigentlich, den Aufgaben nach, Natur- oder Tierschutz heißen. Hierbei geht es darum, kranke und angefahrene Tiere von ihren Qualen zu erlösen. Dafür Verantwortung zu tragen, dass infizierte Tiere der Natur entnommen werden und zur Untersuchung in die veterinärmedizinischen Anstalten gelangen. Die Wildtierbestände durch rechtzeitige Selektierungsmaßnahmen in gesundem Rahmen zu halten. Eine nachträgliche Bejagung der „Lieblingstiere" ist immer und überall ein „heißes Eisen". Hiermit versichere ich, dass ich über die zur Vorfinanzierung der Arbeiten notwendigen Mittel verfüge.

Ich würde mich freuen, die Eignung als Beauftragter für das Wildtiermanagement unter Beweis stellen zu dürfen.

Mit freundlichen Grüßen

Mein gut ausgebildeter Jagdhund,
die Frettchen und ich.

Ich denke, meine Bewerbung wäre eine gute Grundlage, um den Aufgabenbereich des Wildtiermanagements in befriedeten Bezirken zu umschreiben. Hier kommt ein ausgebildeter Berufsjäger oder ein gutes Team infrage. Um ein funktionierendes Arbeitsteam herzustellen, will ich hier einige Gedanken anregen. Zur Zeit sieht es so aus, als ob in der Großstadt einige Einzelgänger herumgeistern und dass jeder „etwas" macht – nach behördlicher Anweisung aber ohne ausreichende Koordination. Also jeder macht was, bis ihn die Demotivation aus dem Wildtiermanagement entsorgt. Oft sind es nur einige Wochen die er durchhält. Sein Bescheid, den er, nach umfangreicher Vorleistung der Behörde, bekommen hat, war nicht einmal das Papier wert. Dies soll nicht als Kritik an der behördlichen Organisation verstanden werden. Hier ein Beispiel dazu: Ein von mir hoch geschätzter Professor hatte mit seinen Studenten ein Forschungsprojekt über den Fuchsbandwurm und damit verbundene Entwurmung der Füchse in dicht besiedelten Gebieten durchgeführt. Ein Stadtjäger ist seiner Verpflichtung im gleichem Bezirk nachgegangen. In der Dunkelheit hatte der Jäger den Sender am Halsband des Fuches nicht sehen können und so hatte er ihn samt der Forschung der Natur entnommen. Das Halali danach war laut und weit zu Hören. Mit ein wenig Koordination wäre das sicher nicht passiert. Eher hätten die Studenten von den Erfahrungen des Jägers profitieren können. Ein Streit hat niemandem genutzt. Nach beinahe zwei Jahrzehnten fand dann doch noch eine gemeinsame Besprechung statt, in welcher uns der unermüdliche Professor seine Forschungsergebnisse präsentierte und um weitere Unterstützung bat. Die Menschen sind doch lernfähig, manchmal dauert es einfach nur ein bisschen länger. Wir brauchen keine Atomkraftwerke, bei uns kommt der Strom aus der Steckdose. Wir brauchen auch keine Wissenschaft, bei uns kommt das Wissen aus dem Internet.

Das bestehende Bejagungssystem in befriedeten Bezirken funktioniert. Trotzdem einige Gedanken dazu wie es zu Gunsten aller Beteiligten einfacher koordiniert werden könnte:

Die US-amerikanische und kanadische Lizenzjagd ist hier, genauso wie die verschiedenen Pachtsysteme der Jagdreviere, nicht geeignet. Bei der Bejagung durch die Polizei, die in manchen Ländern praktiziert wird, fühlen sich manche Beamte berechtigterweise überfordert und lehnen die Aufgaben der Stadtjagd ab, da sie hierfür weder ausgebildet noch ausgerüstet sind.

Am besten geeignet scheint mir die „Juristische Person" nach dem Vorbild der Jagdgesellschaften in der ehemaligen DDR und den meisten Ostblockstaaten. Eine Jagdgesellschaft (nicht zu verwechseln mit einem Jagdverein) wird gegründet. In der Satzung wird präzise jede Tätigkeit und Aufgabe eingetragen. Die Mitglieder wählen einen Vorstand und weitere benötigte Verantwortliche. Für jeden Aufgabenbereich wird in der Mitgliederversammlung ein Fachkundiger beauftragt. So entsteht nach einigen Anlaufschwierigkeiten ein nachhaltiges und funktionierendes Team. Die Behörden haben dann nur einen weisungsgebundenen Ansprechpartner.

Man könnte auch nach Schweizer Vorbild die Jagd in befriedeten Bezirken aus dem Jagdgesetz herausnehmen und die Tätigkeiten in der Verwaltung z.B. Gartenbaudirektion ansiedeln. Die in der Stadt aus Sicherheitsgründen notwendige Nachtjagd wäre dann nicht, nach dem Jagdgesetz, illegal ebenso wenig wie die Benutzung von Nachtsichtgeräten. Als berufliche Qualifikation wäre außer dem Jagdschein als Basis für jeden einzelnen Bereich ein Sachkundigkeitsnachweis notwendig. Um einige Bereiche zu nennen: Wildtierimmobilisation, Wasserwild, Prädatoren, unversehrte Fallenjagd, ein Hundeführer für die Wasserarbeit, die Nachsuche, die verschiedenen Wildtier-Monitorings und damit verbundenen Maßnahmen. Gegenseitige Motivation und Kontrolle funktionieren hier. Steuerlich könnte es als gemeinnützig anerkannt werden, um so manche Spende und Förderung verbuchen zu können.

In ähnlicher Form habe ich als Geschäftsführer und Gesellschafter von 1993 – 2010 die GmbH für Natur und Gesundheitspflege des Wildtieres mbH (GfN mbH) geführt und diese Form ausreichend getestet.

IV. ZEITAUFWAND UND KOSTEN

In welchem vertraglichen Verhältnis auch immer – wer mit Wildtieren arbeitet ist 24 Stunden am Tag in Dienstbereitschaft. Die Feuerwehr, Polizei und die Bürger greifen zu jeder Tages- und Nachtzeit zum Telefon. Die Tierschützer, manchmal berechtigterweise, erwarten, dass man sofort aktiv wird. Wo ist hier die Grenze?

Was kostet das Wildtier Management in einem befriedeten Bezirk? Wie hoch sind die zur Vorfinanzierung der Maßnahmen notwendigen Mittel?

Wir fangen unsere Kalkulation mit einem Schießgewehr an, in der Hoffnung, dass wir dieses auch mal brauchen. Bedingt durch den benötigten Jagdschein, ist der Waffenschrank schon voll. Zusätzlich sind die im nächsten Kapitel beschriebenen Werkzeuge anzuschaffen.

Ein KK 22 LfB mit Schallabsorber oder Schalldämpfer und dazugehöriger Subsonic Munition sowie eine Flinte Kaliber 410 sind zu empfehlen. Eine kombinierte Waffe der sonst benötigten Kaliber dürfte im Schrank schon vorhanden sein, ebenso ein Fernglas für die Dämmerung.

Ein Nachtsichtgerät ohne jegliche Anschlüsse an Zieleinrichtungen macht die Beobachtung der nachtaktiven Tiere einfacher. Hier ist zu betonen, dass Nachtsichtgeräte nur zur Beobachtung erlaubt sind, jede Art von Jagdausübung mit Nachtsicht-Zielgeräten ist strikt verboten.

Ein Fahrzeug und dessen Betriebskosten sind außerdem zu berücksichtigen.

Ein gut ausgebildeter Jagdhund und zwei Frettchen sind zu empfehlen sowie einige zugelassene Fallen für den unversehrten Lebendfang.

Die Krönung der Ausrüstung ist schließlich eine Narkosewaffe und die dazugehörige gründliche Ausbildung.

LEITFADEN UND BEISPIEL-KALKULATION

1	KK 22 lfB. Schallabsorber oder Schalldämpfer	ca.	800,– €
2	Zielfernoptik mit Leuchtpunkt	ca.	1.500,– €
3	Munition (geschätzt pro Jahr)	ca.	100,– €
4	Flinte Kaliber 410	ca.	800,– €
5	Leuchtpunkt ohne Zielfernrohr	ca.	50,– €
6	Kombinierte Bockbüchse in Kal. 12/76 und 22 Rem. oder M 17 inkl. Optik wie in Pos 2.	ca.	4.500,– €
7	Immobilisationswaffe und Zubehör	ca.	3.500,– €
8	Benötigter Sachkundenachweis (Ausbildung)	ca.	1.000,– €
9	Nachtsichtgerät nachweislich nur für Beobachtungen	ca.	1.000,– €
10	2 Frettchen für unversehrten Lebendfang der Wildkaninchen in der Aufzuchtszeit	ca.	100,– €
	Futterkosten 300 gr. à 1,50 €/Tag x 365 Tage x 9 Jahre	ca.	4.927,– €
	Pflegezeit (kalkulierter Wert aus Handwerk 0,75 €/Min)		
	Fütterung und Handzahmheitspflege 15 Min/Tag		
	15 Min x 0,75 € x 365 Tage x 9 Jahre		
	Impfungen, Tierarzt und Sonstiges	ca.	35.000,– €
11	Ausgebildeter Jagdhund (Welpenpreis)	ca.	500,– €
	Futterkosten und Pflege wie Frettchen	ca.	35.000,– €
	Ausbildung, Prüfungen und Tierarztkosten	ca.	6.500,– €
12	Genehmigte Fallen für unversehrten Lebendfang	ca.	500,– €
13	Mobile Jagd- und Beobachtungskanzel für Schulgelände und Parks	ca.	2.500,– €
14	Sonstige Kosten wie z.B. Anlieferung der Tierkadaver zu veterinärmedizinischen Untersuchungen und alle damit zusammenhängende Kosten	ca.	1.000,– €
15	Eine gewaltige Portion Idealismus und Jagdtrieb sowie der Glaube, dass es sich hier um ein Hobby handelt, das sich nicht jeder leisten kann		zum Null-Tarif

Die laufenden Fix- und variablen Kosten sind hier nicht zu unterschätzen und eine „Portion von Lehrgeld" kommt ebenfalls noch oben drauf.

Um meine GfN mbH vor drohenden Insolvenzen zu bewahren, durfte ich einmal 20.000 DM und einmal 14.000 € Privateinlagen tätigen. Aus dem Mund eines leitenden Beamten in gehobenem Dienst „durfte" ich folgende Worte wahrnehmen: „Sie dürfen ruhig mal 100 € für unsere Erlaubnis zahlen, Sie verdienen ja Geld damit". Meine durchtrainierte Selbstdisziplin kam hier durch ein langes Schweigen zum Einsatz. Als einer, der für die Kommune mit Verlusten arbeitender und wieder einmal zahlender Bürger hatte mir das natürlich nicht gefallen. Vom Standpunkt eines Unternehmers dachte ich mir: „Na endlich macht sich ein Beamter Gedanken darüber, wie das alles hier zu finanzieren ist". Dann zahlte ich an der Amtskasse und ging weitere Kosten produzieren.

Im Grunde genommen sind das immer die Kosten, um die wir ständig streiten und kämpfen. Der wie die Kirchenmaus arme Stadtkämmerer weiß nicht, wie er das Geld für die Stadtverwaltung zusammenkratzen soll, die Tierschutzverbände halten sich hier mäuschenstill. Mit ein paar Groschen könnte man eine gepflegte Tierwelt in Parks und in urbanen Räumen zu einer Augenweide für die Besucher in Grünanlagen gestalten.

Übrigens: Im Allgemeinen ist der Grundeigentümer für die freilebende Tierwelt auf seinem Boden zuständig. Demnach sollten auch die damit verbundenen Rechnungen für die erbrachten Leistungen in seiner Buchhaltung ein liebevolles Plätzchen finden.

V. SCHUSSABGABE

Tierarzt, Tierheger oder Tierpfleger. Alle sind mit dem Tod von Tieren konfrontiert. Heilung, insbesondere der Wildtiere, ist nicht immer möglich. Sachkundige Personen mit einer waffenrechtlichen Genehmigung führen das Erlösen von Leiden mit einem sogenanntgen Fangschuss durch. Das kann nötig sein, wenn Wild bei einem Verkehrsunfall angefahren und schwer verletzt wurde oder wenn ein lebend gefangenes Tier nicht freigelassen werden darf.

Oberste Priorität haben hier immer angemessene Sicherheitsmaßnahmen, die im Einzelfall noch viel umfangreicher sein können als es uns die Vorschriften diktieren. Auch hier gilt, dass jeder für seinen Schuss verantwortlich ist. In der Praxis sieht es z.B. so aus: Ein kranker Fuchs, der nicht mehr in der Lage ist selbst zu jagen hält sich in einem Lebensmittelbereich auf. Vergrämungen funktionieren hier nicht und für die Fallenjagd ist kein zeitlicher Spielraum mehr. Die hygienischen Vorschriften werden dem Jäger sehr laut ins Ohr „geflüstert". Die nächsten Nächte sind damit ausgebucht. Die Übernahme von juristischer und kaufmännischer Verantwortung ist vertraglich geregelt. Der Stress durch Leistungsdruck beginnt.

Grundsätzlich und vor jedem beabsichtigten Schuss muss man sich ohne Rücksicht auf den Zeitdruck das Gelände bei Tageslicht anschauen. Bodenbeschaffenheit, Kugelfang, Hintergründe und vieles mehr muss man sich sitzend auf dem „Schussplatz" einprägen!

Bei Nacht und Nebel muss man es deutlich vor Augen haben. Die Hochhäuser im Hintergrund haben das Licht ausgemacht, bleiben trotzdem in der Schusslinie stehen. Aus welchem Grund auch immer mögen es die Menschen nicht, dass ihnen die Kugeln im Schlafzimmer herumpfeifen.

Hier einige Gefahrenbeispiele: So wie beim Billardspiel verhalten sich auch unsere Kugeln. Sie prallen von Wänden, Bäumen und sogar von Grashalmen ab.

Bei einem flachen Schuss auf einer Eisfläche können wir abschätzen, wohin das Geschoss weiterfliegt. Ein Schuss in den Schnee, ohne zu wissen was darunter liegt, ist ein Roulettespiel, ebenso wie ein Schuss in die grüne Wiese, die eigentlich eine mit Betonsteinen gepflasterte Feuerwehrzufahrt ist. Aus den Öffnungen in den Betonsteinen wächst Gras und verdeckt den harten Untergrund. Unser Auge sieht einen „weichen" Kugelfang, unsere Kugel jedoch findet einen „Grund" zum Weiterfliegen.

Bei der Vorkalkulation soll man entsprechende Zeitwerte für die gründliche Untersuchung sämtlicher Gegebenheiten berücksichtigen und dann auch tatsächlich untersuchen. Die äußerst begrenzten sicheren Schussmöglichkeiten muss man sich genauestens einprägen, sodass man den Schuss auch in dichtem Nebel durch noch sichtbare Begrenzungen wie z.B. Bäume oder Straßenlampen kontrollieren kann.

Deinen Hund kannst du zurückpfeifen, die Kugel nicht!

Also überlege dir sehr gut, wann du deinen Hund losschickst, damit er dich nachher nicht für einen „schlecht ausgebildeten Artgenossen" hält. Im Zweifelsfall den Finger gerade lassen. Den Richter interessiert es hinterher herzlich wenig, ob der Auftraggeber Stress und Zeitdruck produziert hat. Aber auch hier gilt es, dass die Übernahme von fremden Erfahrungen nicht von eigener Verantwortung befreit.

Hier einige Erfahrungen:

- Der Abprall der Kugel und Kügelchen in einer Feuerwehrzufahrt ist vorprogrammiert.

- Bei einem Schuss in die Schneedecke ist vor der Schussabgabe verantwortungsbewusst der Untergrund zu prüfen.

- Der Schusswinkel zwischen Ansitz und Boden darf nicht zu flach sein. Hier muss durch Testen und experimentieren in sicheren Umgebungen selbst Wissen aufgebaut werden, um dies einschätzen zu können. Außerdem braucht es Disziplin, diesen Winkel dann auch entsprechend einzuhalten, wenn der Fuchs nur knapp hinter dem Schussfeld vorbei läuft.

- Ein Wald, ein Steinhaufen, eine Betonwand und vieles mehr sind keine Kugelfänge.

- In einem Gebiet, in dem bei Wildkaninchen die Krankheit Myxomatose ausgebrochen ist, haben wir die schon erblindeten Tiere, die in den Morgenstunden nicht mehr in ihre Erdbauten zurückfinden konnten, mit einem kleinkalibrigen Schuss vor einigen Horrorgeschichten des nächstes Tages bewahrt und die infizierten Körper dann dem autorisierten Entsorgungsunternehmen zugeführt. Nach einem Schuss hatte ich Glasbruchgeräusche wahrgenommen. Circa dreißig Meter hinter meinem Ziel in einem Winkel von etwa zwanzig Grad von der Schusslinie stand ein Bauwagen, dahinter aufsteigendes Gelände als Kugelfang.

Mit einem Fernglas suchte ich zuerst die Fenster des Bauwagens ab. Hier war kein Glasbruch festzustellen. Trotzdem wollte ich wissen, ob das sonst Glück bringende Glasscherbengeräusch mit meinem Schuss in Verbindung steht. Bei meiner unmittelbaren Untersuchung fiel mir ein unter dem Bauwagen stehender Bierkasten auf. Vorne war ein kaum sichtbares Einschussloch in der Plastikwand zu sehen. Fünf Flaschen in einer Reihe waren zerstört. In der Hinterwand des Bierkastens war eine Fläche von etwa zwei Quadratzentimetern herausgebrochen, was man als Ausschussloch annehmen konnte. Die noch vorhandene Energie der kleinen Kugel hatte mir wirksamen Respekt beigebracht.

- Nach einer Tierschutzmeldung versuchte ich eine kranke Graugans mit einem Kescher zu fangen. Trotz ihrer Krankheit ist sie mir davongeflogen. Um drei Uhr morgens hatte mich ein Schneeflugfahrer aus dem Gebiet angerufen und teilte mir mit, dass ihn eine kranke Graugans daran hindert, Schnee an eine bestimmte Stelle hinzuschieben. Nach meiner Ankunft fand ich folgende Situation: Eine Graugans im Endstadium ihrer Krankheit, hinter ihr ein stark gefrorener Haufen Schnee circa ein Meter hoch und dahinter eine Betonwand etwa zwei Meter hoch. Ich stellte mich so hin, dass ich im neunzig-Grad-Winkel zur Wand hinter dem Schnee stand und glaubte, dass die kleine Kugel gebremst im Eisschnee in der Ecke zwischen dem Boden und dem Wandfundament stecken bleiben würde. Nach dem Schuss bedankte sich die Gans für den präzisen und erlösenden Schuss mit ihrer letzten kopfsenkenden Bewegung. Neu war für mich das Geräusch des Kugelpfeifens und drei- oder viermaliges Abprallen der Kugel unter dem weltberühmtem Plexiglasdach.

Trotz einer Außentemperatur von circa minus zwanzig Grad Celsius ist mir heiß geworden. Bedrückende Stille folgte. Es ist glücklicherweise nichts passiert und es wurde auch kein Schaden festgestellt. Ich wollte es genau wissen und blieb bis Tagesanbruch sodass ich jede Spur sehen konnte. Nach der erlösenden Wirkung in dem Wildkörper ist die Kugel erwartungsgemäß noch circa siebzig Zentimeter weitergeflogen bis sie in den gefrorenen Schnee eingetreten ist. Dann ist sie, nicht wie von mir erwartet, geradeaus Richtung Wand, sondern im dreißig-Grad-Winkel nach oben und nach links gemessen an der gedachten Schusslinie aus dem Schnee herausgetreten. In einer Höhe von circa eineinhalb Metern ist sie von der Betonwand abgeprallt und auf der Unterseite des Daches gelandet. Aus Stabilisationsgründen dreht sich ein Geschoss beim Fliegen um die eigene Achse. Hier habe ich die Drehung und die damit zusammenhängenden Kräfte unterschätzt. Im gefrorenen Schnee hat sich die Kugel nach links oben herausgebohrt.

Unterschätzt wird oft auch der Abstand zwischen Zielfernrohr und dem Lauf. Durch das Zielfernrohr sehen wir das „freie" Ziel. Die einige Zentimeter darunter liegende Laufmündung steckt oft hinter Überraschungen wie z.B. Schnee, Ästen, Fensterrahmen, Motorhauben und vielem mehr.

Die bereits dokumentierten Erfahrungen sollte man nutzen. Und folgenden alten Soldatenspruch sollten alle Waffenträger beherzigen:

Das waren einige in den letzten zwanzig Jahren abgegebene Schüsse. Diejenigen, die einen ungewollten Schaden anrichten konnten.

An einem Beispiel will ich hier zeigen, wie man sich eigene Schießerfahrungen selbst passend zu eigener Körpergröße, Technik, Optik und vieles mehr erarbeiten kann:

Wir wollen einen kranken oder Schaden verursachenden Hausmarder in einem Vorgarten der Natur entnehmen. Einige Daten haben wir in dem ersten Telefongespräch mit dem Tierschützer oder dem Vertreter der stark beschädigten Immobilie erhalten. Die Besichtigung bei Tageslicht folgt. Hier ist eine ortsansässige und kooperative Person für die Vergrämungen, unversehrten Lebendfang oder für die klassische Bejagung und damit für das Anfuttern des Marders mit Eiern zu gewinnen. Falls kein Kugelfang vorhanden, stellen wir einen künstlichen Kugelfang auf und bestimmen den Sitzplatz, der uns zu jeder Tages- und Nachtzeit zugängig ist.

Die mitwirkende Person soll angewiesen werden, das abgeholte Ei durch ein frisches zu ersetzen, das möglichst die gleiche Witterung (Geruch) hat wie alle anderen. Gleiche Herkunft, gleiche Berührungen. Mehr dazu im nächsten Kapitel. Die ersten Eier soll man leicht anpicken damit sie leichter und schneller gefunden werden. Bald kann uns die Person vor Ort auf circa eine Stunde genau berichten, wann die Eier abgeholt werden.

Bevor wir uns aber bewaffnet in einen Garten setzen, steht uns eine zeitintensive Tätigkeit auf einem Schießplatz oder in einer sicheren Kiesgrube bevor. Wir bestimmen zuerst das Kaliber mit dem wir die Kreatur zuverlässig strecken können. Mit der Kugel auf einen Marder zu schießen ist nicht zu empfehlen, weil er ständig in Bewegung ist. Bei einem Schrotschuss haben wir die Wahl zwischen dem Kaliber 410, 20, 16 oder Kaliber 12. Das wenig bekannte Kaliber 410 ist für einen Marder vollkommen ausreichend. Die Schrotkerne lassen sich in einer weichen Sperrholzplatte abfangen und der Knall reißt die Menschen nicht aus ihrem Schlaf.

Wir stellen eine Möbelsperrholzplatte aus Fichte oder sonstigem Weichholz (keine furnierte Pressholzspannplatte) auf. Die Platte soll circa dreißig Millimeter stark, circa zwei Meter lang und mindestens ein Meter hoch sein. In der Mitte der Schrotfangplatte hängen wir eine Zielscheibe auf. Wir wollen den Durchmesser der Garbe und die Deckung sehen.

In der Praxis liegt das Ei am Boden. Auf einem Stück Papier zeichnen wir uns eine Tabelle auf, die uns dann mit selbst erarbeiteten Werten die nächste Zeit begleiten wird. Man notiert hier das Kaliber, dann die Schussentfernung, die Schrotdeckung auf der Zielscheibe, den Garbendurchmesser und die Schrotgröße. Bald erfährt man auch die Anzahl der Schüsse, die die Holzplatte sicher abfängt. Dementsprechend soll die Schrotfangplatte in der Praxis rechtzeitig ersetzt werden.

Wie schon erwähnt, ist das hier nur ein Beispiel, wie man sich die in der Praxis benötigten ballistischen Zahlen für sich selbst und die Schusssicherheit erarbeiten kann. In Sachen Sicherheit soll der Kreativität keine Grenze gesetzt werden. Manche Kollegen tapezieren regelrecht die Betonwände ihrer Tiefgaragen mit alten Matratzen, andere arbeiten mit Sandsäcken.

Übertragbar sind all diese Werte nur teilweise. Ausgerüstet mit umfangreichem Wissen, Erfahrungen, präziser Schussfertigkeit und einer gut eingeschossenen Waffe kann es losgehen. Von der Kontaktperson vor Ort wissen wir, dass das Ei um circa ein Uhr abgeholt wird. Also: Ab Mitternacht heißt es, ruhig sitzen. Man darf nicht vergessen, unmittelbar vor dem Ansitz das zuständige Polizeirevier zu informieren und sich immer als Jäger zu erkennen zu geben. Trotz eventueller Angriffe der „anders denkenden" Mitbürger muss man Ruhe bewahren. Niemals sollte man einen Streit vom Zaun brechen und muss Andere ausreden lassen. Reden ist Silber, Schweigen ist Gold.

Zum Ansitz selbst: Die Distanzen zwischen dem Jäger und dem „Gejagten" sind in einem befriedeten Bezirk naturgemäß kürzer als in der freien Natur. Es empfiehlt sich im „Schatten" der vertrauten Witterung zu sitzen. Mäusegeruch, Hühnerstall, Rasenmäher usw. sind dabei einige der Möglichkeiten.

Meine Tricks:

• Über den Einstieg meiner fahrbaren Kanzel habe ich abwechselnd einen Teppich gehängt während ich den zweiten Teppich in den Heustadel legte. Auf diesem wurden die Mäuse gefüttert.

• Unsere hellhäutigen Hände leuchten für die Tiere regelrecht in der Dunkelheit. Ich wende hier den gleichen Trick an wie Schauspieler im Theater oder Soldaten zur Tarnung: auch bei milden Temperaturen, empfehlen sich Handschuhe in der gleichen Farbe wie der Mantel bzw. der Hintergrund. Das „Bleichgesicht" kann man mit einem Moskitonetz verdecken. Dieses verursacht nicht so viele Polizeieinsätze wie eine schwarze Bankräubermaske, es reduziert die Brillenspiegelung und man muss das Netz bei der Fernglasbenutzung nicht abnehmen. Papiertaschentücher sollen schon vor dem Ansitz in den Taschen verteilt werden. Das Geräusch der Plastikhülle hört der Fuchs auf hunter Meter. Er weiß auch, dass die Artgenossen keine Taschentücher benutzen. Selbstdisziplin mitnehmen, Zigaretten zu Hause lassen. Zum Sammeln eigener Erfahrungen empfehle ich gerne einen Rollentausch auszuprobieren. Eine Person sitzt auf dem offenen Hochsitz, die nach Erfahrungen suchende Person stellt sich in circa fünfzig Metern Entfernung in eine Dickung am Waldrand gegenüber. Es ist faszinierend was man z.B. vom Standpunkt eines Fuchses aus alles wahrnehmen kann. Jede Bewegung, Zigarette, sogar das Deodorant oder Handy sind von hier aus deutlich wahrzunehmen.

Die spontanen Meldungen der Polizei oder der Feuerwehr bei Schwarz-
wildvorkommen in dicht besiedelten Bezirken lassen uns keine Zeit für
die gerade beschriebenen Vorbereitungen. Hier muss möglichst risikolos
improvisiert werden.

Falls die Sau schon im Metzgerladen festsitzt, könnte eventuell ein vor-
sichtiger Fangschuss angebracht werden.

Wie schon in Kap. II beschrieben, auf einem Friedhof, unter der Assistenz von zahlreichen Beteiligten, ist das Risiko zu groß. Ein sicherer groß-
kalibriger Schuss ist hier kaum möglich. Die zahlreichen schwächeren sogenannten Stopper garantieren uns nicht, dass das Wild nicht nach einer
Schockphase wieder aufsteht. Der Zeitraum zwischen dem Schuss und
dem Verenden oder der Immobilisation des Tieres könnte nicht nur für
den Schützen sehr gefährlich werden.

Nachfolgend eine kleine, nicht gestellte Geschichte. Ein Braunbär sollte
immobilisiert (betäubt) werden. Man hatte aus dem Norden einen Spezialisten für die Wildtierimmobilisation einfliegen lassen. Man hatte ihm einen
Bauzaun hingestellt. Auf der einen Seite saß er, auf der anderen Seite war
die Anfütterung für den Bären. Zum Glück hatte der Bär die Delikatesse
nicht gefunden. Man weiß, dass bei einem Bären der erste Schuss sitzen

muss. Er hört, woher der Schuss kommt. Nicht selten geschehen dann die tollsten Überraschungen. Eine Narkosespritze aus einer Betäubungswaffe hat, je nach verwendetem Mittel, ihre Wirkungszeit erst nach ein bis fünf Minuten bis die Kreatur einschläft. Für den übermütigen Schützen hinter dem Bauzaun können diese paar Minuten zu einer Ewigkeit werden.

Im Rahmen eines Schwarzwild-Monitorings werden die Bewegungen des Schaden verursachenden Schwarzwilds, das nicht selten auch in befriedeten Bezirken gern Ruhezonen annimmt, dokumentiert. Der sicherste Umgang damit wäre dann, das Schwarzwild schon an der Stadt bzw. an der Dorfgrenze abzufangen.

Eine junge Person, die mich ernsthaft beleidigen wollte, meinte einmal, dass man mich schon längst der Altersverschrottung zuführen sollte. Diese Aussage bzw. Beleidigung hatte mir so gut gefallen. So gut, dass ich mit der Zeit angefangen habe mir darüber Gedanken zu machen, wann und auf welchem Gebiet es soweit sein würde.

Bei einer Fallenjagd kann ein Senior lange noch aus einem Rollstuhl Fallen kontrollieren. Mit einer Waffe in der Hand ist aber darauf zu achten, dass sich unweigerlich und natürlich der Blickwinkel unserer Augen verengt. Das Sehfeld wird kleiner, die Kontrolle über das Gelände geringer. Der Vergleich mit dem LKW-Führerschein drängt sich hier auf. Inhaber desselben müssen alle fünf Jahre zur Gesundheitsuntersuchung inklusive Sehtest. Besteht man solch einen Test, den man jederzeit auch freiwillig und privat machen kann, nicht mehr, ist es an der Zeit, der Realität ins Auge zu schauen und über die Umstellung der eigenen Gewohnheiten auf der Jagd nachzudenken, zumindest in befriedeten Bezirken.

Ebenfalls überwiegend auch bei Senioren wird bei Gegenlicht die Sehschärfe stark herabgesetzt. Erschießt man statt eines Hasen einen Dackel, heißt es: „Die Sonne hat mich geblendet". Bei einem nächtlichen Autounfall war es der Gegenverkehr. Bedingt durch den nachlassenden Stoffwechsel bei Senioren, sollte man die Nachtruhe vielmehr in einem Bett als auf einem Fuchsansitz verbringen.

VI. UNVERSEHRTER LEBENDFANG

Allgemein ist auch hier das Zusammenleben von Tier und Mensch die Basis für die Arbeit mit der Falle.

Der Marder hat den Taubenschlag „ausgeräumt". Das war die naturnahe Motivation unserer Vorfahren für die Arbeit mit der Falle. Heutzutage sind das mehr die Schlagworte wie z.B. Fuchsbandwurm, Bauschäden im Dachaufbau und einiges mehr.

Was auch immer uns dazu bewegt eine Falle aufzustellen will schon vor Beginn der Aktivitäten gründlich überlegt und vorbereitet sein. Die Motivation Hass soll an der Leine bleiben! Platz für einen Fuchs im Tierheim erst dann suchen, wenn er schon in der Falle sitzt, könnte unangenehme Folgen haben. Aber wo fange ich an? Ganz einfach, so wie in anderen Lebensbereichen auch, mit einer bewussten Selbstanalyse. Fragen wie z.B.: Was will ich? Was will ich nicht? Was habe ich? Was habe ich nicht? Antworten: Ich will mein „Problemtier" loswerden. Ich will aber nicht in Konflikt mit den Gesetzen und anders denkenden Mitbürgern kommen. Frage drei wird schon ein bisschen arbeitsintensiver. Vier Kinder habe ich, einen Fuchs im Garten und eine von einer Marderfamilie zerstörte Wärmedämmung im Dachaufbau. Schutz der Kinder vor dem Fuchsbandwurm und Schutz des Hauses vor der Energieverschwendung und meine damit verbundenen Kosten, das muss doch jeder verstehen. Oder? Irrtum! Kann ich es überhaupt? Nein wir können es nicht, sonst wären all die „Pelzprachtstücke" schon längst ausgerottet. Aber auch hier, wie überall anders, sollen wir das Wissen und die Erfahrungen unserer Vorfahren nicht mit der Asche des Menschen verstreuen. Im Allgemeinen gilt: nicht Lehrgeld zahlen sondern Erfahrungen, welche auch immer, übernehmen und nutzen.

„Ich habe keine Ahnung, wie ich es bewerkstelligen soll. Einen Jagdschein habe ich nicht, laut Kap. I befinde ich mich in einem befriedeten Bezirk. Ein Jäger muss her, aber der, den ich kenne, glaubt nicht zuständig zu sein". Teufelskreis! Selbstjustiz! Aber legal.

Eine „sachkundige Person" soll ich werden. Das heißt, ein Fallenkurs für Nichtjäger für mich und ein Fallenkurs für den Jägerfreund, der für mich die gefangene Kreatur aus der Falle herausnehmen soll. Der Jagdschein beinhaltet nicht automatisch die Fallenjagdausbildung. Im Zuge der Jagdausbildung werden meistens separate Fallenkurse angeboten. Ist der Auszubildende nicht dabei, bekommt er bei Beantragung des Jagdscheins auch keine Fallenjagdberechtigung. Über Pro und Kontra kann man auch hier sehr intensiv diskutieren.

Der Unterschied zwischen den zwei Ausbildungen liegt auf der Hand. Die Nichtjäger lernen z.B. Jagdzeiten, Schonzeiten und Aufzuchtzeiten. Im praktischen Teil werden nur die Fallen für den unversehrten Lebendfang unterrichtet. Sie dürfen das gefangene Tier nicht töten.

In einer Ausbildung für die Jagdscheininhaber sind die Teilnehmer sehr am Tierschutzgesetz interessiert. Der Umgang mit Totschlagfallen wird hier auch theoretisch und praktisch vermittelt. Auf das Verbot der Abzugseisen in Waschbärengebieten wird hingewiesen.

Maßgeblich für die Aktivitäten nach der Ausbildung ist dann die Basis der Motivation. Es gibt sehr viele, meist gute Bücher über die Fallenjagd allgemein. Hier, in diesem Kapitel wird der unversehrte Lebendfang in einem befriedeten Bezirk im Vordergrund stehen (Bauernhof, Wohnhaus, Schule oder Sportplatz).

Der Unterschied zur Fallenjagd in einem Jagdrevier ist so groß, dass man es mehr „die Arbeit mit der Falle" nennen sollte. Die Arbeit mit der Falle haben wir eigentlich schon angefangen.

- Der Sachkundennachweis und das damit erworbene Basiswissen ist vorhanden.

- Die erforderliche, begründete Genehmigung von der zuständigen Jagdbehörde auch (bitte Jagdbehörde nicht mit Jagdverband oder Jagdverein verwechseln, Zuständigkeitsbereiche im Internet nachlesen).

- Der Verbleib des gefangenen Tieres ist vorab peinlich genau mit der zuständigen Person zu klären. Ist die Person auch mit allen Erlaubnissen und Kompetenzen ausgestattet? Im eigenen Interesse prüfen! Vertrauen ist gut Kontrolle ... schafft Frieden mit dem Tierschutz, der Polizei und Jagdbehörde.

Auch hier ist oft das „liebe Geld" bzw. sind die Kosten Grundlage für den Umfang unserer Handlungen. Angeblich gab es auch Zeiten, in denen die „öffentliche Hand" für herrenlose Tiere zuständig war. Zur Zeit ist es der Grundbesitzer, der für die Kosten der Wildtiere auf seinem Grund und Boden aufkommen soll (Tierarztkosten, Entsorgungskosten der verendeten Tiere, Bejagungskosten und vieles mehr).

Als Stadtjäger stand ich mal vor einem Problem genannt Hysterie: Fuchsbandwurm. Das Schulpersonal in einigen Schulen hat zwischen 8 Uhr und circa 11 Uhr vormittags fünf bis zehn Fuchsvorkommen gemeldet. Die Feuerwehr, Polizei, Jagdbehörden und die Stadtjäger haben keine „Langeweile" mehr gehabt. Wenn man sich die Zeitpunkte der zahlreichen Ungeheuer-Erscheinungen genauer angesehen hat, stellte man fest, dass die Füchse nacheinander in einem Abstand von zehn bis dreißig Minuten im jeweiligen Schulgelände erschienen sind. Also ein Revierrundgang eines nach Pausenbrotresten suchenden Fuchses. Zahlreiche Fuchsbejagungsanträge bei der Jagdbehörde und mit respektabler Portion von Durchsetzungsvermögen gespickte Anrufe bei uns Stadtjägern haben mein Leben ungemütlich gestaltet. Mit meiner „Böhmischen Ruhe" ging ich die Sache an.

In der ersten Fuchsstation ging ich früh morgens, lange vor Schulbeginn auf Fuchsansitz. In den ungeduldigsten Schulen installierte ich einige Fuchsfallen für unversehrten Lebendfang und verpflichtete schriftlich die Hausmeister der Schulen die Fallen zweimal am Tag zu kontrollieren. Zahlreiche Fragen wurden anschließend telefonisch an mich herangetragen. Um meine Zeitwirtschaft in Balance zu halten, veranstaltete ich eine Schulung für alle, die mich letzten Endes auf die Idee brachten, Fallenkurse für Nichtjäger abzuhalten.

Ein Blick in das Jagdgesetz Art. 6 – schon war der Aha-Effekt eingetreten. Wer macht so was?! Noch niemand in der Bundesrepublik Deutschland. Zahlreiche Diskussionen mit dem Jagdverband und den Jagdbehörden. Keine begründete Absage, aber auch keine eindeutige Befürwortung. Nach circa drei Jahre andauernden Verhandlungen folgte dann der erste Fallenkurs am 10.01.2009 für die Nichtjäger. Inzwischen melden sich nicht nur Facility Manager zum Unterricht, sondern auch zahlreiche Jagdgenossen. Landwirte, Hausbesitzer und sonstige an dem Thema interessierte Mitbürger haben sich in unserem Jagdverein oder Jagdverband einen Sachkundennachweis erarbeitet und sind mit den zuständigen Jagdpächtern aktiv geworden.

Wo gehobelt wird fallen auch Späne: Die ersten Kurse für Nichtjäger beinhalteten z.B. auch den Unterricht über den Umgang mit Totschlagfallen. Obwohl im Unterricht selbst und auch in einem Begleitschreiben zum Skriptum ausdrücklich darauf hingewiesen worden ist, dass Nichtjäger das gefangene Tier nicht töten dürfen, sind einige in einen „Jägerladen" marschiert und wollten eine Totschlagfalle kaufen. Als Erwerbsberechtigung legten sie den gerade erworbenen Sachkundennachweis vor.

„Was ich nicht weiß, macht mich nicht heiß" dachte ich mir und nahm die Unterrichtung der Totschlagfallen aus dem Kurs für Nichtjäger heraus. Dafür bekommen sie mehr von Jagd-und Tierschutzvorschriften vermittelt. Die anwesenden Jagdscheininhaber dürfen dann circa vier Stunden nachsitzen und die erworbenen Kenntnisse in dem Fach Totschlagfallen auch praktisch üben. Nach dieser Umorganisation blieb die Ausbildungsbestätigung für die Jagdscheininhaber nach der Vorlage des Bayerischen Jagdverbandes unverändert, bei der Bestätigung für die Nichtjäger ist zusätzlich ein klarer Hinweis dazugekommen, dass es sich hierbei um Unterricht über einen unversehrten Lebendfang handelt.

Gegenüber dem Gesetzgeber „haftet" der Jäger mit seinem Jagdschein. Der Nichtjäger mit seinem klar definierten Sachkundenachweis. Beim Lösen des Jagdscheines ist es dann auch für diejenigen, die inzwischen einen Jagdschein erworben haben, eindeutig. Vier Stunden nachsitzen oder ein Fallenkurs für die Jäger.

Von der zuständigen Behörde wurde ich nach einer gründlichen Prüfung meiner fachlichen und pädagogischen Ausbildungen und meiner Kompetenzen als „Ausbildungslehrgangsleiter Fallenjagd" bestätigt. Meine Jägerfreunde waren nicht alle zu Beginn meiner Aktivitäten im Bereich Sachkundennachweis für die Nichtjäger begeistert. Heutzutage arbeiten sie gerne mit Landwirten, die sich den o.g. Sachkundennachweis bei einem Jagdverband erarbeitet haben, zusammen.

Neulich hatte mich ein frischgebackener Jagdscheininhaber aufgeklärt, dass auch die Nichtjäger einen Fallenkurs machen dürfen. Ich freute mich sehr, dass er das schon wusste. Wer dahinter steckt habe ich ihm nicht verraten. Durch die sanfte Verteilung der Kosten, Motivation und des Zeitaufwandes funktioniert die Sache.

I. DER FANGPLATZ

Die erste Frage ist auch hier „Was will ich fangen"? Fuchs, Marder oder Wildkaninchen? Kap. II haben wir ja schon gelesen, die Lebensgewohnheiten der Einzelnen kennen wir. Was haben wir im Revier? Bachlauf,

Fischweiher, Geräteschuppen, Holz- oder Strohballlagerung, Hecken oder naturbelassene Teile eines Schulgeländes.

Wollen wir im Gebäude fangen, dann nicht gerade in der „Toilette" des Marders, sondern in seinem „Speisesaal" oder in seinem „Jagdrevier". Auf dem ersten Platz, auf dem der Marder im Gebäude ankommt und sich sicher fühlt verspeist er seine Jagdbeute. Neben Resten, wie z.B. Knochen und Eierschalen ist das der richtige Platz für die Falle. Gummibärchen zwischen dem Marderkot bewirken nur Mitleid, auch beim Marder. Bei einem Fuchsbau unter einem Gartenhäusl, Geräteschuppen, auf einem Schulgelände oder unter einem Bienenhaus soll man die Falle nicht draußen an der Wand aufstellen, sondern im Häusl drin. Ein Handwerker ist in der Lage, ein paar Bodenbretter so locker zu gestalten, dass man sie zeitweise auf die Seite legen kann. Das Häusl ist abgesperrt, das Leckerli steht dann fast ausschließlich dem Fuchs zur Verfügung. Mäuse und Ratten gibt es in einer Fuchsgesellschaft nicht.

So, wie man bei einem Bau oder Kauf einer Falle im Sommer, auch an den Winter denken soll, so soll man auch bei der Wahl des Fangplatzes an das gefangene Tier denken. Optisch einsehbare Fallen bringen die Feuerwehr, Polizei und die Tierschützer ins „Theater". Die akustische Aufmerksamkeit wird durch das gefangene Tier geweckt. Kaum jemand ruft den Jäger an. Also die Fuchsfalle im abgesperrten Gartenhäusl, die Marderfalle im Dachboden, im Speisesaal, nicht auf der Toilette oder im Schlafzimmer des Marders platzieren. Der Fangplatz soll möglichst nur einer Person vom Ort bekannt sein. „Jagdtourismus" in der Tiefgarage sollte man meiden, der Jägerhut mit dem Gamsbart soll im Auto bleiben. Die Falle selbst soll „einwachsen" und nicht jede Woche versetzt werden.

Durch Beobachtungen und Anfütterungen im Laufe der Zeit kommt der letzte Schliff. Der saubere Weg zur Falle und die Umleitung für den Igel sind hergestellt, die Delikatessen wurden angenommen. Wenn bis jetzt alles geklappt hat, dann kann der Fangtermin mit dem schlauen Fuchs oder dem Marder vereinbart werden.

Das Problem an der Sache ist, dass Menschen, die diese konsequente Ziel-
strebigkeit und die Verantwortung haben, diese eher im Berufsleben zum
Einsatz bringen als in der Fallenjagd. Also Menschen mit variabler Zeit-
gestaltung wie Rentner und Hausfrauen sind hier gefragt. Menschen, die
auch bereit sind, die Naturgesetze zu akzeptieren. Der nicht unwesentliche
Zeitaufwand und die damit verbundenen Kosten sind hier vorher unter
die Lupe zu nehmen. Die Antwort auf die Frage „Wer hat das zu zahlen?"
minimiert spätere Missverständnisse.

2. QUAL DER (FALLEN-) WAHL

Eine Falle ist schnell gekauft, ebenso wie der Chefsessel oder der Ak-
tenkoffer nach der Gewerbeanmeldung, aber dann? Das Problemtierchen
haben wir uns im Kap. II gründlich angesehen und „auf der Zunge zer-
gehen lassen." Nehmen wir den Fuchs auf dem Schulgelände. Also Falle
mit Mindestmaß nach der Fallenverordnung und Verordnung zur Ände-
rung der Verordnung zur Ausführung des Jagdgesetzes einhalten (zur Zeit
25 x 25 x 130 cm). Faustregel: Je größer die Falle, desto leichter der Fang.
Welche Falle auch immer, früher oder später wird sie von anders denkenden Mitmenschen auf die Prüfbank gestellt. Auf einem einige Hektar
großen umzäunten Privatgelände kann man anders arbeiten als auf einem
Schulgelände. Die Wahl der Falle ist dann vom Mindestmaß bis Fanggar-
ten mit Mäuseburg möglich.

Auf einem Schulgelände glaubte ich, eine Fuchsfalle der Größe
50 x 50 x 200 cm in einem Bereich, wo ich nicht hinschießen konnte, gut
versteckt zu haben. Bei jedem Ansitz habe ich sie fängisch gestellt und
beobachtet, wie der Fuchs damit umgeht. Die tollsten Sachen hatte ich
gelernt. Die unter der Falle lebenden Mäuse waren für den Fuchs immer
interessanter als der Köder in der Falle. So ist dann das Lockmittel Weizen als Mäusefutter unter der Falle entstanden. Auf Durchlauf, mit Wild-
entenköpfen bestückt, also nicht fängisch gestellt, haben Lausbuben die
Falle entdeckt, die Entenköpfe herausgenommen und damit die Mädchen

in der Schule geärgert. Die Schulrektorin fand es nicht so lustig und ließ mein „Forschungsobjekt", die Falle samt mir, vom Schulgelände entfernen.

Zurück zur Fallenwahl.

Selbst beim Eigenbau sollte man sich der Erfahrungen unserer Vorfahren bedienen, und mit der Einschränkung der modernen Fallenvorschriften arbeiten. Zum Beispiel: In der Fallenverordnung ist folgender Satz zu lesen: „Die Fallen müssen so gebaut oder verblendet sein, dass dem gefangenen Tier die Sicht nach außen möglichst verwehrt wird." Hier liegen die Prioritäten beim gefangenen Tier. Bei einer nicht fängisch gestellten Maschendrahtfalle kann dem Tier durchaus mehr Sichtfreiheit gegeben werden. Einige Tage vor dem fängisch stellen soll sie aber abgedeckt werden. Wenn der Köder einmal aus der abgedeckten Falle angenommen wird und alles andere auch stimmt, dann ist die richtige Zeit, die Falle fängisch zu stellen und sie dann auch konsequent zweimal am Tag zu kontrollieren.

In Kastenfallen bzw. gut abgedeckten Fallen rollen sich die gefangenen Tiere zusammen und schlafen. Bei einer schlecht verblendeten Falle versuchen sie bei Tagesanbruch mit Gewalt aus der Falle auszubrechen. Hierbei entstehen Verletzungen.

Beim Testen einer von mir hergestellten und mit einem Gebrauchsmusterschutz ausgestatteten Universalfalle haben wir einige Infrarotkameras aufgestellt. Die Ergebnisse waren sehr lehrreich und bestätigten meine bisherigen Beobachtungen.

Bei kleineren Kastenfallen sind die Tiere bis etwa zur Hälfte ihres Körpers hineingegangen. In dem Moment, in dem sie die Sichtkontrolle über das Außengelände verloren haben, sind sie rückwärts wieder raus. Oft sind sie zwanzig Minuten und länger bewegungslos vor der Falle gestanden. Dann folgten in großen Abständen die nächsten Versuche. Das Wipp-Brett muss bei einer auf Durchlauf gestellten Falle bewegungslos fixiert sein, am einfachsten mit einem Holzkeil. Steigt einmal ein Marder oder Fuchs auf ein ungesichertes Wipp-Brett das sich bewegt, macht es „klapp! klapp!" und das Tierchen springt in Zukunft immer drüber. Fuchs und Marder wissen, dass es in der freien Natur nicht nur Bodenbrüter gibt, sondern auch Vögel, die auf einer erhöhten Stelle Eier legen. Es empfiehlt sich, das Köder-Ei auf einer, auf der Innenseite montierten Schale, zu platzieren. Damit wird das Tier vom lockeren Auslösemechanismus abgelenkt. Bei dem Vorhaben, das Ei mitzunehmen, muss der Marder auf das Auslösebrett. Filmaufnahmen haben auch gezeigt, wie ein Marder das Ei vorsichtig von einem unsensiblen Wipp-Brett mit der Pfote herunterrollte und erst draußen in den Fang (Jägersprache für Maul) genommen hat. Beim Eigenbau oder Kauf der Falle soll die Geflechtgröße so klein sein, dass auch die Jungratten in der Falle bleiben. Ständige Fehlfänge rauben die Motivation. Beim Kauf einer Falle im Sommer soll man auch bedenken, dass die Hauptfangzeit im Winter ist. Wasser friert ein. Die Fallenklappen sollen ein bisschen Gewicht haben, um leichte Einfrierungen zu überwinden. Alle Gelenke sollen so viel „Spiel" haben, dass Regen bzw. Tauwasser ablaufen kann. Eine der häufigsten Ursachen des Fehlfangs sind die eingefrorenen Klappensicherungsstäbe.

Die Falle aus dem Katalog ist endlich im „Briefkasten". Was nun? Zu kontrollieren ist nicht nur der Lieferschein, sondern die Falle selbst auf Fertigstellung, Funktionsfähigkeit, scharfe Kanten, Sensibilität und vieles mehr zu prüfen. Gehen Sie einfach verständnisvoll davon aus, dass die meisten Hersteller und Händler nicht fangen (Kunden ausgenommen), sondern verkaufen wollen. Genauso misstrauisch wie der Fuchs oder Marder sollten Sie der Falle die ersten kritischen Blicke widmen.

Holen Sie ruhig einen erfahrenen Jäger dazu. Wir wollen uns nämlich auch mal wichtig machen und Ihr Schmuckstück als „das größte Klump" bezeichnen. Nach der schockierenden Verallgemeinerung kommen dann die Details. Daran sollte man dann schleifen. Gebrauchsfertig ist dann das edle Stück. In einer Zeitungsanzeige las ich einige Verkaufsargumente der praktischen klappbaren Maschendrahtfalle, die zusammengeklappt in jeden Autokoffer oder in einen Schreibtisch passt. Ein leichtes Schmunzeln kam aus meinem Bart.

Auf nächtelangen Fuchsansitzen nahm ich einen Papierblock mit und fing an, dem Fuchsverhalten nach, eine fast perfekte Falle zu konstruieren. Beim Patentamt erhielt sie das Gebrauchsmuster mit der Nr. 20 2008 012 176.0.

3. DIE HAJDAFALLE

Beschreibung: Schon der Stamm der Haida-Indianer hat sich mit der Fallenjagd beschäftigt. Anscheinend restliche Erbgene bewegten mich als Stadtjäger dasselbe zu tun. Nun ist entweder der Marder oder der Mensch anders geworden. So kam ich auf die Idee, die Falle dem Menschen anzupassen.

Es ist eine Falle gefragt, die den neuesten Vorschriften entspricht. Eine, die auch dem Fuchs und Marder einen freundlichen Empfang bereitet. Eine, die Neugier weckt bei Raubzeug und Käufer. Eine, die der Jäger ohne große Zeitverluste bei Anköderung und Kontrolle allein bedienen kann. Eine die Wetter und juristischen Sturm aushält. Eine, mit der Mensch und Tier friedlich leben können.

Hier einige Neuheiten und Vorteile der Hajdafalle.

> *Du sollst nicht versuchen einen Fisch mit einer Torte zu fangen*
> *und den Menschen mit einem Regenwurm.*
>
> Dale Carnegie – Wie man Freunde gewinnt

Mit Speck fängt man Mäuse, mit Mäusen den Fuchs und Marder. Die Hajdafalle wird dauerhaft nur mit Getreide beliefert; es reicht eine handvoll Weizen hinein zuschmeißen wenn man gerade dran vorbeifährt – fertig ist das saubere Beködern.

Die Hajdafalle hat eine eingebaute Mäuseburg. Tierschutzgerecht können die Mäuse jederzeit und ungehindert die Mäuseburg verlassen. Nicht vergessen – die Mäuse füttern! Sie sind wie die liebe Verwandtschaft: sie kommen, wenn es Kaffee und Kuchen gibt.

Der komplette Auslösemechanismus befindet sich im Inneren der Falle sodass ein Einfrieren durch Nasswerden und Beeinträchtigung durch Verdeckmaterialien nicht möglich ist. Das Wipp-Brett hat einen „Witterungsempfang" Gerüche aus der Mäuseburg), sodass das Überspringen des Auslösepunktes kaum vorkommt. Die Falle kann man voll in die Erde, in Strohbälle, Reisig oder sonstige Materialien einbauen. Man kann sie auf dem Dachboden, in der Scheune oder im Gartenhäuschen frei und universal aufstellen. Aus Leichtmaterial aufgebaut, von einem Menschen leicht zu tragen. Mit einem Hängeschloss abschließbar, bei Durchlaufstellung gegen ungewolltes fängisch stellen durch Dritte und gegen Diebstahl mit einem Stahlseil oder einer Kette gesichert. Der Boden aus Rippenalublech ist für Fuchs und Steinmarder „steinbeschichtet".

Tierschutzgerecht ist auch der gesamte Aufbau. Das Wild wird lebend und unversehrt gefangen. Vordergründig ist die Einhaltung der neuesten Verordnungen zu erwähnen. Dem gefangenen Tier ist die Sicht nach außen verwehrt, darüber hinaus ist die Falle gut belüftet, sodass Platzangst und Stress minimiert werden.

Durch das Einhängen eines „Katzenfilters" ist der Selektivfang in der Stadt und auf dem Bauernhof von Marder, Iltis und Wildkaninchen möglich. Die Herstellungskosten waren im Vergleich zu den Mitbewerbern leicht höher. Bei der Konstruktion der Falle habe ich mich wohl mehr auf den Fang konzentriert als auf eine wirtschaftliche Herstellung. Der goldene Mittelweg hätte hier beachtet werden sollen.

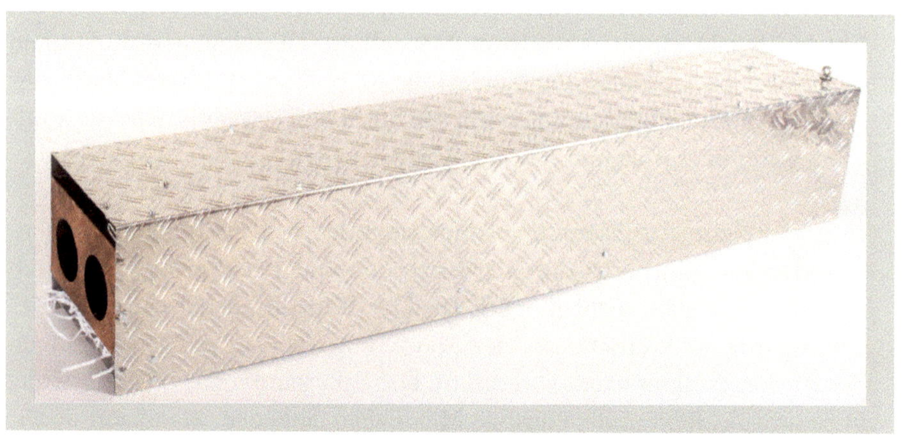

Der Fangplatz: Haben wir ja schon. Die Falle muss so eingebaut sein, dass sie nicht wackelt! Schon bei der kleinsten Bewegung, die mit der Pfote getestet wird, gehen die Tiere nicht auf den labilen, technischen Boden. Das gilt auch für verwilderte Hauskatzen.

Die Falle steht fest auf ihrem Platz. Jetzt sollen alle die wunderbaren, von Menschen mitgelieferten Gerüche neutralisiert werden. Wie? Ganz einfach, mit einem oder mehreren Eimern heißen Wassers übergießen. Vorsicht: in den eigenen Gummistiefeln ist das heiße Wasser sehr kitzelig. Achtung, die Falle „stinkt auch nach der heißen Dusche nach Arbeit".

4. ANKÖDERUNG DER FALLE

Als nächstes stellt sich die Frage der Lockmittel. Jeder Jäger hat sein eigenes Rezept. Jeder Händler auch. In einem Managerbuch von Dale Carnegie, in dem auch einiges aus der Bibel vorzufinden ist, las ich auch für die Fallenjagd einen hier schon erwähnten guten Satz: „Du kannst nicht einen Fisch mit einer Torte fangen, oder einen Mensch mit einem Regenwurm. Gibt jedem was er will"! Also ein guter Koch muss her! Und was macht er? Er schaut sich die Gäste an, fängt an zu rechnen und außerdem sollte es auch noch schmecken. So wie der Koch schauen auch wir auf unser

Publikum, und stellen uns die Frage warum der schlaue Fuchs in unsere Lokalitäten – auf den Schulhof – kommt, um zu speisen? Für das liebevoll belegte Brot von der Mama ist in der Pause keine Zeit. Das gute Stück landet in der Botanik. Da freut sich der Fuchs!

Am Wochenende bleiben die Delikatessen aus. Plötzlich liegen ähnliche Sachen herum, ohne dass „Vorsicht, Falle!" drauf steht. Langfristig gutes Lockmittel ist Getreide. Einfach unter der Falle platzieren, die Mäuse lassen nicht lange auf sich warten. Fertig ist die saubere Fuchs- und Marder-Beköderung. Als Hilfsmittel stelle ich mir immer wieder dieselbe Frage: Was hätte mir hier geschmeckt, wenn ich ein Marder oder Fuchs wäre? Eine kleine, in der Falle endende Fährte mit einer wohlriechenden Delikatesse kann auch hilfreich sein. Die ersten Eier soll man anpicken, damit die „Witterung" (Geruch) schneller „an den Mann" kommt. Wie schon erwähnt, die Eier sollen frisch sein. Haustierfertigfutter aus dem Supermarkt soll einen großen Anteil an Rindertalk oder Fischtran haben, damit es sich nicht im ersten Regen auflöst.

Für den Fuchs darf das Fleisch anrüchig sein (Hygienevorschriften beachten). Mit einem Stück frischer Leber in einem Stoffsack, kann man eine Schleppe (Spur) in Richtung Falle legen und dann gleich entsorgen; verdirbt zu schnell und führt zu Geruchsbelästigungen. Wir Menschen haben Kühlschränke. Der schlaue Fuchs gräbt seine Beute zum Schutz vor Fliegen und Bakterien in die Erde ein. Wir sollten es genauso machen. Neben die Falle einen Kühlschrank stellen oder das Fleischstück mit Erde bedecken.

Für den Marder: Frische Eier, Rosinen, Feigen, Dörrobst. Dort, wo keine Katzen hinkommen mit Katzenfutter arbeiten, sonst mit „Katzenfilter" ausgestatteten Fallen arbeiten.

Faustregel: Nimm das, was die Tiere vor Ort kennen. Sicher kann man jede Menge guter Lockmittel kaufen. Es ist aber nicht verkehrt, sich einen Stuhl neben der installierten Falle hinzustellen, sich hinzusetzen, das Einfühlungsvermögen wirken zu lassen und sich die wiederholte Frage zu stellen: Was würde ich hier als Fuchs oder Marder fressen? Auf einem

Bauernhof komme ich auf den Gedanken, ein frisches Ei zu verspeisen und mir dazu ein Mäuschen zu fangen. Als Fuchs werde ich mir das tote Huhn holen, als Marder fange ich mir lieber einen Singvogel oder eine Maus. Auf dem Schul- oder Kindergartengelände finde ich Brotzeitreste, Süßigkeiten, Studentenfutter und Schokolade. Gar nicht so falsch ist die Beköderung mit dem Hunde- oder Katzenfutter vom Nachbarhund oder der ortsansässigen Katze.

Man geht ab und zu Chinesisch essen. Ob das dem Marder auch schmeckt, weiß man nicht. Man müsste es außerhalb der Falle ausprobieren, ebenso wie die geheimnisvollen Rezepturen unserer Mitjäger.

Bei der Beköderung der Falle, womit auch immer, sollte man mit einem verlängerten Löffel arbeiten, nicht mit der Hand hineingreifen. Die Person soll nach Möglichkeit immer die gleiche sein. Beim Anfüttern mit Eiern sollen diese nicht älter als 10 Tage sein. Gipseier und nicht frische Eier interessieren den Marder nur wenig. Der Marder ist ein Feinschmecker, der Fuchs ist nicht so wählerisch.

Wildkaninchen: Die Falle, z.B. Holzkastenfalle oder Betonrohrfalle, muss stark nach Kaninchen riechen! Pheromone, Urin und Kot. Sie lieben Schnittlauch, aber keinen Salat.

Wie zuvor, schauen was sie vor Ort verbeißen. Rinde von Obstbäumen, Stiefmütterchen am Friedhof usw. Ich bezeichnete mal die Kaninchen als Gärtner-freundliche Wesen, so wie ich auch behaupten kann, dass ein Marder Dachdecker-freundlich ist.

Der Fuchs ärgert die Revierpächter und die Gartenbesitzer, beim Waldbauern und Landwirt wird er akzeptiert. Jeder hat hier seinen eigenen Standpunkt. Wir sollen versuchen, Kompromisse zu beleben.

Der Fuchs verspeist die Bodenbrüter und Junghasen, durchwühlt den Golfplatz und „markiert" den Garten. Im Wald und in der Wiese fängt er Mäuse. Der Marder hält das Haus mäusefrei, dafür will er in der Dachwärmedämmung mitwohnen.

In einer Reparaturwerkstatt für Bäckereimaschinen gab es Mäuse und eine Marderplage. Die Mäuse haben das Restmehl aus den Maschinen gefressen, die Marder die Mäuse. Die Nahrungskette hatte sich geschlossen.

Ein Automechaniker hatte in eine Marderfalle die von ihm ausgebauten, von Mardern angebissenen Wasser- und Bremsschläuche hineingelegt. Es hatte funktioniert.

Jemand hatte uns geraten, die Gartenmöbel aus Holz mit Olivenöl anzustreichen. Im nächsten Winter haben die Mäuse die Garnitur von allen Seiten angebissen. Seitdem beinhaltet mein Lockmittelkoffer nicht nur Weizen, Maggi, geräucherte Schwarte, sondern auch eine Flasche Olivenöl.

Aus dem Sandkasten im Kindergarten, aus dem Lebensmittelbereich und aus etlichen Bereichen mehr soll man die freilebenden Tiere, wie auch immer entfernen und dann fernhalten. Damit es soweit nicht kommt, soll man die Lockmittel, die manche „tierliebende Fütterung" nennen, bleiben lassen. Ob es sich hier um falsch verstandene Tierliebe oder gutgemeinte Anköderung der Prädatoren (Raubzeug) handelt, soll auch hier alles mit einem gesunden Maß erfolgen.

Ähnlich wie in einem Restaurant in dem die gutgemeinten Portionen über den Tellerrand fallen oder in einem Supermarkt die Frischfleischtheke zwanzig Meter lang ist – ähnlich wie wir, wird auch der Fuchs schon vom Anblick satt. Der Futterneid ist weg. Wenn man um 3 Uhr in der Früh in der Schlange stehen müsste, um ein Stück Speck beim Metzger zu ergattern, dann wäre dieser fette Brocken auch eine Delikatesse.

Es gilt auch hier bei Lockmitteln: Weniger ist mehr und viele kleine Hammerschläge bewirken mehr als ein großer K.O.-Schlag. Das heißt über das ganzes Jahr Kleinigkeiten nachliefern, vor allem in der Aufzuchtzeit, in der nicht fängisch gestellten Falle.

5. FEHLER BEIM FALLENSTELLEN

- Falsch ist, die Falle ständig zu versetzen oder zu oft anfassen. Man soll sie in der Umgebung „einwachsen lassen".
- Nicht vergessen bei einer gesicherten und auf Durchlauf gestellten Falle das Trittbrett fixieren. Beim lockeren Brett macht es nur einmal klapp! klapp! und das zu fangende Tier springt in Zukunft immer drüber.
- Im Winter auf mögliche Einfrierungen bzw. Verrostungen achten.
- Zu kleine Falle (Faustregel: je größer desto besser).
- Sichtbehinderungen in der auf Durchlauf gestellten Kastenfalle.
- Eine Falle mit herausschauender Klappe direkt vor dem Loch im Zaun aufzustellen.
- Falle wackelt.
- Geflechtsgröße so klein halten, dass nur das Mauswiesel rauskommt.
- Unter dem Auto und auf die Wärmedämmung im Dachaufbau legen wir als Marderabwehr losen Maschendraht. Warum erwarten wir, dass dasselbe Tier in unsere Falle auf dem Maschendrahtboden hineingeht?
- Falsches Lockmittel („Der Freund meines Bruders in Amerika sagte ...").
- Das frische Ei, zu locker angebunden.
- Eier sind nicht frisch.
- Fleisch in der Marderfalle.
- Zu wenig Tierkenntnisse.
- Man kann auch hier sehr kreativ werden, um Fehler zu produzieren. Für einige von meinen überdurchschnittlich „gebildeten" Kunden waren meine Fallenkurse nicht akzeptabel. Einer davon hatte in seinem Garten fünf Eier verteilt. Wo am Morgen ein Ei fehlte hatte er eine Holzkastenfalle hingestellt. Am Telefon hatte er mich beschimpft, dass es nicht funktioniert, obwohl dies das Produkt seiner „fachlichen Qualitäten" war.
- Ein anderer wollte die Aufzuchtzeiten nicht akzeptieren und hatte in April einen Marder gefangen, hatte dann auch bei mir angerufen, dass ich „das Viech" abholen soll. Ich dachte natürlich nicht daran, seine Nachbarn haben es dann positiv geregelt.

Hier einige meiner Sätze aus der Korrespondenz:

Schon bei meinen telefonischen Beratungen haben Sie mir durch ständige Unterbrechungen das Gefühl vermittelt, dass Sie schon alles wissen. Nach meiner 30-jährigen unternehmerischen Selbständigkeit weiß ich, dass man von Kunden Ihrer „selbstbewussten" Sorte lieber Abstand nehmen soll, was ich auch durch Demonstration meiner Unzuverlässigkeit in die Praxis umsetzen wollte. Ihre Hilferufe waren aber stärker, sodass ich doch zu einer persönlichen Beratung in Ihrem Garten landete. Auch hier demonstrierten Sie Ihre geistige Stärke und haben mir kaum zugehört. Es war schade um die wertvolle Zeit auf dieser Erde, die man Ihnen verschenkte. Die einfachsten Naturgesetze, die ich Ihnen im Zusammenhang mit Wildtieren vermitteln wollte, haben Sie mit Füßen getreten. Herr X, ich halte Sie möglicher Weise für einen Computerspezialisten; es funktioniert aber nicht, wie so vieles andere im Leben der Natur Fragen zu stellen wie z.B. „Marder löschen?" Der Kasten fragt: „wollen sie ihn wirklich löschen?" dann Knopfdruck, weg ist er!

Die Natur verlangt uns ein bisschen Einfühlungsvermögen ab, ein bisschen Fingerspitzengefühl und auch eine kleine „Verbeugung" vor dieser großen Schöpfung. Wollen wir hoffen, dass der alte Spruch „aus Fehlern lernt man" auch hier funktioniert und dass uns das nicht so viel „Lehrgeld" kostet.

6. FÄNGISCH STELLEN

Jetzt wird es ernst! Es beginnt das juristisch Definierte: Nachstellen des Wildes. Folgende Checkliste sollte abgehakt werden:

○ Habe ich alle Genehmigungen?

○ Habe ich die Zeit für die Kontrolle?

○ Ist gerade Jagdzeit?

○ Habe ich die Entnahme des gefangenes Tieres zuverlässig organisiert?

Eine Fuchsfalle – die Betonrohrfalle ist eingewachsen. Der Fuchs hat hier bereits seine Jungen aufgezogen. Hier haben wir leichtes Spiel. Wenn wir vorsichtig nach Ablauf der Aufzuchtszeit die Falle bei Nacht fängisch stellen, kann am Morgen ein Teil des Gehecks (Nachwuchs) drin sein. Dann mindestens für zwei Wochen die Falle sichern und auf Durchlauf stellen. Neues Lockmittel Rehbockaufbruch ca. fünf bis zehn Meter von der Falle entfernt in die Erde eingraben. Man hält damit Fliegen, Raben und Elstern fern. Die Falle, nach dem Fang „ein Gefahrengut", wird stufenweise wieder angenommen.

Mit einem Stück Fleisch oder Leber in einem Stoffsack kann eine Schleppe (Duftspur ca. huntert Meter) Richtung Falle gezogen werden. Der Fuchs weiß immer, in welche Richtung der kranke Hase gelaufen ist. Das Fleisch in der Falle nie mit den Metallen in Berührung bringen. Getreide bringt Leben in die Falle.

Eine Marderfalle, wo auch immer sie steht, sollte schon eingewachsen sein. Der Marder ist sehr misstrauisch. Er verzeiht keine Fehler. Sonst mag unser Raubwild Worte wie Verstand, Geduld, Konsequenz, Verantwortung und Einfühlungsvermögen für die Naturgesetze. Das „elfte" Gebot zu achten „sich nicht erwischen zu lassen" ist gut, sicherer ist es aber das Tierschutz-und Jagdgesetz zu beachten.

7. FALLENKONTROLLE

Die Fallenkontrolle sowie die gesamte Fallenjagd sollte man nicht zur lästigen und zeitraubenden Verpflichtung werden lassen. Erst angenommene Fallen fängisch stellen und dann ca. eine Woche konsequent zweimal pro Tag kontrollieren.

Je näher die Falle am Wildwechsel (Wege der Tiere) platziert wird, desto schneller und öfter wird sie angenommen. Für die Kontrollgänge der fängisch gestellten Fallen soll auch der „Wildwechsel" des Fallenstellers berücksichtigt werden. In der Praxis und im Idealfall soll es so aussehen, dass die Falle von einem ohnehin täglichen Weg mit einem Blick ohne zusätzliche Fahrtkosten und Zeitaufwand kontrolliert werden kann; vom Hauseingang verbunden mit dem ersten frischen Luft holen, beim Morgenausgang oder in der Tiefgarage beim Ein- und Aussteigen aus dem Auto. Ein Blick beim ohnehin Vorbeigehen oder -fahren ist zuverlässiger als der gute Wille vorbeizufahren und zuverlässiger als jeder Batteriebetrieb der elektronischen Überwachungsanlagen. Aus diesem Grund sollen weiter entfernte Fallen erst dann fängisch gestellt werden, wenn sie tatsächlich angenommen worden sind.

Nach einer Woche wird die ferne Kontrolle langweilig, kostenintensiv und zeitraubend. Dann soll die Falle wieder auf Durchlauf gestellt und abgesichert werden. Die Raubtierwechsel finden wir am besten im Winter durch Ablesen der Schneespuren.

An der Wand entlang, man sieht vom Marder verschmutzte Hausecken neben den Ablaufrohren, Spuren unter den Zaunhecken, am Bach entlang, um den Fischweiher herum, an Bahngleisen und Autobahnen entlang. Und auch unter der Motorhaube. Hier hat es seine Gründe. Kranke

Tiere gehen nicht weit vom Wasser weg. Leichte Beute finden sie in der Nähe von Verkehrswegen. Spuren sehen wir auch in Richtung der Kanäle, unter den Straßen, Gartenhäusern, Brennholzlagerungen, Strohballhaufen und in Richtung verlassener Gebäude. Gute Fangplätze sind auch Reisighaufen, Kompostplätze und offene Misthaufen.

Nach dem Herbstackern sollen die Fallen neben dem frisch geackerten Feld nach Möglichkeit fängisch gestellt werden, eventuell mit Getreide beschickt für die durch das Umackern obdachlos gewordenen Mäuse. Dies gilt auch für die umgestochenen Gärten und sonstigen Umgrabungen.

Die Fallen sollen bei der Kontrolle möglichst aus der Entfernung kontrolliert werden. Hilfreich ist hier der sogenannte „Faulenzer" – ein an der Fallenklappe fest montiertes Fähnchen, ein Holz oder eine Plastikstange – der beim Schließen der Falle seine Lage verändert. Mit dem Fernglas kann man am Faulenzer erkennen, dass die Falle geschlossen ist. Eine alte Lebensweisheit sagt uns, dass die faulen Leute sehr erfinderisch sind. Also los an die kreative Faulenzerkonstruktion. Belohnt wird es mit Fahrkostenersparnis und vielem mehr.

8. KÖDERNACHLIEFERUNG – ANFÜTTERN

Es ist Schonzeit oder Aufzuchtszeit. Die Fallen bleiben stehen, sind nicht fängisch, sondern auf Durchlauf gestellt. „Tag und Nacht der offenen Tür". Wir nehmen die in den Fastfood Restaurants gewonnenen Erfahrungen und fangen damit an, dasselbe in unserem Vorhaben umzusetzen. So wie die Mama, die gerade keine Lust oder Zeit zum Kochen hat, dann ihre Familie ins Schnellrestaurant zum Essen mitnimmt. Die Kinder lernen das schnell und praktizieren dies dann lebenslang. Ein Mensch ist ein „Gewohnheitstier", das Tier auch.

Wenn die Prädatoren lernen, wo immer wieder was zu holen ist, dann laufen sie über Generationen hinweg immer wieder in dieselbe Falle hinein.

Bei gesundheitlichen Risiken oder sonstigen Problemen werden dann die Fallen fängisch gestellt. Sollte es die Zeit erlauben, wäre es ideal alle zwei Wochen ein frisches Ei, Katzen- oder Hundefutter, trockenes Obst oder etwas Haltbares hineinlegen. Die Erbtante laden wir ja auch je nach Wertschätzung regelmäßig über das ganzes Jahr zu Kaffee und Kuchen ein.

9. DIE FALLE IST ZU

In der abgedeckten bzw. abgedunkelten Falle liegt zusammengerollt ein Fuchs oder ein Marder und schläft. Für die „Minijäger" mit dem Sachkundennachweis heißt es, einige Schritte von der Falle weggehen, um Stress für das Tier zu vermeiden und dann sofort den Betreuungs-Jäger anrufen. Der Jäger holt sich dann in der Regel einen Abfangkasten, siedelt das Tier möglichst stressfrei um, und trifft eine Entscheidung über die Zukunft des gefangenen Tieres.

Soll das Tier transportiert werden, dann sollte der sonst verbotene Transport schon in der behördlichen Jagderlaubnis des Jägers genehmigt sein.

Ist eine Auswilderung vorgesehen, dann bitte nicht mit dem Wort „hinausschmeißen" verwechseln. Zuerst die Erlaubnis des Grundeigentümers oder des Nutzungsberechtigten einholen (Förster, Revierpächter, usw.). Sonst siehe Kap. VII.

Sollte das Töten des Tieres notwendig sein, dann nur von einem kompetenten Jäger. Hierzu siehe Kap. 5 „Schussabgabe". Hier greifen in voller Härte die Gesetze, z.B. „unverzüglich freilassen oder unverzüglich töten", Transportverbot, Auswilderungsverbot für Wildkaninchen, Marderhund und Waschbär.

Katze in der Falle? Vorsicht, juristisches Glatteis! Mit der Frage „Ja putzig, was bist du denn für Eine?" kombiniert mit dem Versuch sie zu streicheln, haben wir auch schon die Antwort. Das schnurrende Kätzchen mit dem

Glöckchen um den Hals verrät uns zwar, dass sie auch Singvögel auf der Speisekarte hat, aber eben auch, dass sie einen Besitzer hat und damit automatisch Ärger mit sich bringt. Also am besten im nächstgelegenen Tierheim anliefern. Hier wird sie in der Regel von ihrem Besitzer gegen eine gut angelegte Gebühr ausgelöst. Eine angriffslustige Katze sollten wir ebenfalls dem Tierheim übergeben. Diese, ihrem Verhalten nach verwilderte Hauskatze wird dann geimpft, kastriert und wieder freigelassen. Vermittelbar ist sie nämlich nicht. Sie sucht immer ihr Revier. In den meisten Fällen taucht sie dort wieder auf. Hat sich der Fallensteller dafür entschieden, eine Katze unverzüglich wieder freizulassen, dann sollte sie mit einer kleinen Wasserspritze verabschiedet werden. Als Werbemaßnahme ist die kalte Dusche nämlich kontraproduktiv. Dieses Kätzchen geht in diese Falle nicht mehr hinein. Vorsicht: auch eine Katze ohne Anzeichen von Verwilderung ist unberechenbar und beißt und kratzt gerne. Laut Tierpathologen gehören Katzenkratzer und Katzenbisse zu den gefährlichsten Verletzungen durch unsere Haustiere. Die Katzenfangzähne sind dünn, lang und spitz. Bei einem Biss bringen sie Bakterien so tief in unser Gewebe ein, dass eine oberflächliche Desinfektion nicht wirkt. Zu spät erkannte Blutvergiftungen sind die Folge. Die Krallen kann die Katze in sogenannte Krallensäcke einfahren. Hier halten sich Bakterien auf, die mit dem Ausfahren der Krallen und dem anschließenden Kratzen auf die Wunde übertragen werden können. Bei den gerade beschriebenen Verletzungen die Stelle sofort desinfizieren und einen Arzt aufsuchen.

Ein Kaninchen in der Falle ist friedlich, ein Igel „kitzelt" und geht immer wieder hinein. Hier hilft nicht mal eine Gedächtnishilfe anhand einer kleinen Wasserspritze. Auch bei der Fallenjagd heißt es „Geduld üben". Die Vorfreude auf eine Pelzjacke kann eine Jägersfrau meist lange genießen.

VII. SONSTIGE AKTIVITÄTEN IM WILDTIERMANAGEMENT

Hier sind der Kreativität kaum Grenzen gesetzt, im Einklang mit der Natur und freilebenden Tierwelt zu versuchen, dem Ansprüche stellenden Menschen gerecht zu werden.

Soweit sich die berechtigten Hilferufe auch als gemeinnützig erweisen, versucht man wirksam zu helfen. Über den unversehrten Lebendfang von „Problemtieren" wurde schon berichtet. Offen bleibt die Frage, wohin mit dem „Problem" und dem damit gefangenen Verursacher. Man könnte z.B. einen Pelzmantel anfertigen lassen oder den Fuchs nach erfolgreicher Auswilderung bei einem Waldbauern als chemiefreies Schädlingsbekämpfungsmittel einsetzen. Mäuse werden dadurch reduziert und Wurzeln können wieder wachsen, damit auch die Rehe genügend Futter in Wald finden. Die Welt und der Wald sind wieder in Ordnung.

Natürlich fromme Wünsche, aber irgendwo sollten wir mal anfangen, das, was wir zerstört haben, wieder herzustellen. Nämlich das Gleichgewicht der Natur.

1. VERGRÄMUNGEN NACH DEM SANKT-FLORIAN-PRINZIP

Meistens versuchen wir zuerst die unerwünschten Mitbewohner weiterzuschicken. Es gibt unzählige Vergrämungsmittel auf dem Markt. Auch dabei sollte man das Einfühlungsvermögen wirken lassen und sich die Frage stellen „Was hätte mir hier nicht gefallen wenn ich z.B. ein Marder wäre?". Ich persönlich kann keine Glaswolle leiden, der Marder liebt sie. Ich laufe davon, der Marder schläft mit Vorliebe in der Glaswolle. Für mich ein wirksames Vergrämungsmittel, für den Marder ein Lockmittel. Der Boden in meinen Lebendfangfallen auf dem Dachboden ist mit Glaswolle ausgelegt.

Vergrämung der Marder aus dem Dachaufbau mache ich hingegen mit einer Waldbrand-Demonstration. Mit einem Imkerrauchgerät, das aus Sicherheitsgründen mit einer Funkenfangvorrichtung ausgestattet ist, wird Rauch hinter der Dachrinne in die Belüftungsschlitze des Daches geblasen. Hier gibt es zwei Möglichkeiten: Entweder brennt das ganze Haus ab, dann ist der Marder auch weg oder der Rauch kommt am First des Daches aus den Entlüftungsschlitzen raus. Ein Zeichen, dass die Bauphysik noch funktioniert.

Sollte der Rauch schon in der Mitte des Daches zwischen den Dachziegeln herauskommen, dann war der Marder bereits am Werk. Er beseitigt die ihm unangenehmen Zugerscheinungen, die wir Dachbelüftung nennen, dadurch, dass er die Glaswolle solange in Richtung Traufe schiebt, bis er einen zugfreien Schlafplatz hat.

Das Holz erstickt, die Wohnräume werden muffig. Der Urin und Kot seiner Familie besorgen den Rest.

Hier machen wir uns ein Naturgesetz zunutze. Wenn ein Wald brennt, retten Elterntiere zuerst ihre Jungtiere bevor sie sich selbst in Sicherheit bringen. Mit der Waldbrand-Demonstration bewegen wir die ganze Schaden verursachende Marderfamilie Richtung Nachbarhaus.

Die Vergrämung auf Lanolinbasis (Schafwollwachs) hält je nach Witterung einige Wochen. Das Prinzip ist ähnlich wie vorher. Dort, wo ein Schäfer mit seinen Schäfchen über eine Wiese ging, äst zwei bis drei Wochen lang kein Reh mehr. Ein findiger Forstingenieur aus dem Allgäu hatte dies beobachtet und es sich anderweitig zunutze gemacht. Die Kosmetikindustrie verkauft Lanolin als Gesichtscreme, Wildtiere laufen davor weg.

Ein Friedhof ist nicht nur für uns Menschen eine Ruhestelle, sondern auch für wild lebende Tiere. Dem Kaninchen haben wir mit der Grabbepflanzung einige Delikatessen bereitgestellt. Der Fuchs gräbt nach der Maus genau da, wo wir es nicht haben wollen. Der Dachs findet unter der Oberfläche die besten Genussmittel in Form von Larven, Würmern und

Wurzeln. Ein Kitz mit seiner Rehmama hatte auf einem Friedhof sämtliche frisch gepflanzten Stiefmütterchen erst angebissen, dann samt Wurzelballen aus der Erde herausgezogen und so lange in der Luft geschüttelt, bis dieser in irgendeine Richtung davongeflogen ist. Ein Bild der Verwüstung bot sich hier.

Der nächste Arbeitstag der Gärtner hat mit schmerzenden Herzen und Kehrmaschinen begonnen. Hier wurde dann mit „flüssiger Schafwolle" gearbeitet. Schon blieben die Rehe fern. Aber auch der Fuchs im Garten, der Marder im Dachaufbau, die Kaninchen im Kindergarten-Sandkasten oder die Eichkätzchen in der Balkonbepflanzung meiden den „bösen Schafbock" aus der Sprühflasche. Ein paar Spritzer auf das Grab halten die Wildtiere für ca. vier Wochen fern. Ein paar Spritzen unter die Motorhaube schützen die Neufahrzeuge bis zur Auslieferung vor Marderverbiss.

Die Tiere siedeln aber nur in eines ihrer Ausweichquartiere um, sie sind gezwungen, in ihrem Revier zu bleiben, weil die Nachbarreviere besetzt sind. Dies gilt für fast alle Wildtiere, somit ist eine Vergrämung nur eine vorübergehende Maßnahme. Die Tiere müssen zurückkommen und selbst wenn man inzwischen die Schlupflöcher verschließt, beißen sie sich daneben neue heraus oder graben die zugeschütteten Löcher unter Garagen und Gartenhäuschen wieder aus.

Eine Mutter mit einem voller Plastikeinkaufstüten behängten Kinderwagen stellt für Wildtiere keine Gefahr dar. Ein grünes Geländefahrzeug, das von einem „Jägerhut" gelenkt wird, schon eher.

In einer Baumschule gab es große Schäden an Jungpflanzen durch Rabenkrähen. Mit meinem grünen Auto haben wir uns gleich als Vogelscheuche beworben. Schon wenn das Auto in einer Entfernung von 500 Metern an der Ampel stand, sind alle davon geflogen. Die Gärtner lachten. Sie wussten, der Jäger kommt.

Diese oder ähnliche Erfahrungen sollen wir bei unserer Arbeit nutzen.

Meinem Hund habe ich einmal einen Vortrag über seine Brauchbarkeit gehalten. Er sollte auch sein Brot verdienen, indem er auf einer gepflegten
Liegewiese in einem Schwimmbad die dort übernachtenden Graugänse
vertreibt. Diese hatten ihn herzlich wenig interessiert.

Ich schlug dann dem Betreiber der Badeanstalt vor, die in den Morgenstunden vorgefundenen grünen Hinterlassenschaften der Vögel in die
grüne Wiese mit einer daneben stehenden Kehrmaschine einzuarbeiten,
damit die Badegäste am nächstem Morgen brav den Eintritt bezahlen und
die mitgebrachten Decken in der immer noch grüne Liegewiese ausbreiten
können. Aus welchem Grund auch immer hatte dies aber nicht funktioniert. So musste wieder mein Jagdwachhund herhalten.

Sein Egoismus war hier sehr hilfreich. Auf der abgezäunten Grünfläche
habe ich ihm ca. fünf Futterstellen eingerichtet. Auf einem Hügel, auf
der höchsten Stelle, auf einem rustikalen Holztisch hatte er von sich aus
seinen Wachposten bezogen. Mit einem halboffenen Auge hatte er dann
sein „Futter-Territorium" überwacht und verjagte sofort alles, was ihm
sein hart verdientes Brot streitig machen wollte. Da schaute ich wieder
dumm aus der Wäsche mit meinen Vorträgen über die Produktivität und
Wirtschaftlichkeit eines Wachjagdhundes.

Ein pfiffiger Bademeister beobachtete uns und flüsterte seinem Vierbeiner etwas zu. Über Nacht waren wir dann den Auftrag los. Hier durfte
dann der Hund des Bademeisters seine „Brauchbarkeit" beweisen.

Auch in einem Stadtpark nutzte ich die Erfahrungen mit dem grünen
Auto. Der Reihe nach fuhr ich, wie die Parkmitarbeiter mit einer Warn-
weste bekleidet, mit allen dort eingesetzten Fahrzeugen mit. Die für die
Hundeausbildung benötigten „Gummidummi" (Apportierbock aus Gum-
mi für die Wasserarbeit) schoss ich mittels einer Schreckschusspistole aus
dem Fahrzeug in die Luft, sodass es von oben zwischen den Wildgänsen
auf dem Gehweg gelandet ist. Wie ein Tennisball hüpfte dieses Gummi-
stück zwischen den Gänsen.

Die Fahrzeuge wurden dann in den Köpfen der Gänse mit einem Negativimage nachhaltig in ein „gefährliches Ungeheuer" verwandelt. Die Fahrzeuge haben dann, täglich ohnehin vor Ort, die Vögel dazu bewegt, ihre „Düngemittel" nicht auf den Gehwegen als Rutschgefahr, sondern in weit entfernten Wiesen, wo es auch noch chemiefrei nützlich war, abzusetzen.

Licht mit akustischer Verbindung eines Motorengeräusches stört Wildtiere nicht. Funkstille und eine Taschenlampe in Menschenhand dagegen sehr.

Bewährt haben sich auch die Vergrämungen mit Wildtieren selbst. Kaninchen mit Frettchen oder Marder, Graugans mit Kanadagans. Vergrämung von Baugenehmigungen durch „Auswilderungen" von auf der roten Liste stehenden Tiere, hat dem Kläger und dem Tierschutz schon manches Mal vorübergehend einen Sieg gebracht.

Respektable Kreativität hatte ein junger Mann bewiesen, durch Vergrämung seiner Tante aus einer ihm „später" versprochenen Dachgeschosswohnung. Hier mussten ein „Phantommarder" und sonstige für ihn „schlafraubende Geister" arbeiten. Wildtiere als „Nutztiere" sollten der gutmütigen Tante den Umzug in ein betreutes Wohnen erleichtern. Die Erfolgsgarantie steckt hier in der Einweisung des Personals.

Nicht nur aus Kostengründen sollen Menschen vor Ort (Haustechniker, Bademeister, Schutzpersonal, Gärtner usw.) für Fallenkontrolle, Vergrämungen und vieles mehr eingesetzt werden. Hinter jeder externen Arbeitskraft steckt eine neue Kostenstelle, die auf die Verantwortlichen äußerst demotivierend wirkt.

2. WILDTIERIMMOBILISATION

Es könnte auch „Betäubung auf Entfernung" heißen. Hier setzt es eine gründliche Ausbildung im Umgang mit Betäubungsmitteln voraus. Einige Beispiele von Einsatzbereichen:

Ein mit seinem Geweih in einem Wildzaun eingewickelter Hirsch, Rosen liebendes Rehwild in Schrebergärten, wehrhaftes zur Wiederauswilderung bestimmtes Wild in der Lebendfangfalle, zur Behandlung oder zum Transport bestimmte Gehegetiere und vieles mehr. Sollte dann eine Erlaubnis für den Umgang mit Narkose-Waffen vorliegen, bietet sich ein lukratives Betätigungsfeld an.

3. AUSWILDERUNG, ABER RICHTIG!

Vor dem Fängischstellen der Lebendfangfalle sollte jeder Handgriff nach dem Fang oder nach der Immobilisation gründlich überlegt und geplant sein, um Stress beim gefangenen Tier zu vermeiden. Da heißt es keine Zeit verlieren. Sollte die Entscheidung Auswilderung heißen, dann wissen wir, dass die auszuwildernde Kreatur auch ihre Ruhe in ihrer „neuen Heimat" finden muss. Was auch immer ausgewildert werden soll, muss gründlich überlegt sein. Das wildlebende Tier soll darauf vorbereitet werden und das Habitat bzw. das Einstandsgebiet muss das Richtige sein. Das gilt nur für eingefangene freilebende Tiere. Es gibt keinen Einstand, wo sich ein von Menschen aufgezogenes Wildtier zurechtfinden kann. Ein Mensch ist ein Mensch, ein Tier ist ein Tier und das sollten wir nicht durcheinander bringen. Ein Wildtier mit menschlicher Erziehung ist sein Leben lang eine „halbe Sache". In menschlichem Lebensbereich ebenso wie in freier Natur.

Wir wollen ein Hauskaninchen auswildern. Das Vorgehen (Rausschmeißen) und die damit verbundenen Erlebnisse des „Hansi" wurden bereits beschrieben. Hinzuzufügen ist nur noch, dass auch Wildkaninchen auf der Liste der Auswilderungsverbote steht.

Was nutzt eine schlechte „Auswilderung" eines sibirischen Rehbocks, wenn er aus seinem neuen Revier vom Standbock (der dort ansässige Rehbock) herausgetrieben wird? Dann wird er so lange herumgetrieben, bis er wieder in Sibirien steht. Meistens landet er aber auf der Straße unter einem Auto. Was nutzen die hunderte, in Brutkästen produzierten, durch menschliche Erziehung „verdorbenen" und dann freigelassenen Fasane, die in der freien Natur nicht brüten können? Als Fuchsfutter sind sie hingegen bestens geeignet.

Der mit einer Babyflasche aufgezogene Frischling wird zum erwachsenen weiblichen Wildschwein/Bache, die wiederrum Frischlinge zur Welt bringt, die sie ihrer eigenen Erziehung entsprechend, in einem Vorgarten in Berlin aufziehen will.

Das ebenso mit der Flasche durch menschliche Hand aufgezogene männliche Rehkitz wird zum Rehbock und betrachtet nach seiner Geschlechtsreife Menschen als Rivalen.

Ein Rehkitz, das von einer besorgten Familie in einem Wald gefunden, „gerettet" und in ein Tierheim gebracht wurde, sollte ich auswildern. Die Rehgeiß (Ricke) nimmt es nicht mehr an, das Kleine braucht aber noch Muttermilch. In einem großräumig umzäunten Heim für betagte Nonnen habe ich für das Kitz einen Platz gefunden. Liebevoll wurde der kleine Liebling der Nonnen mit der Flasche und sonstigen Delikatessen zu einem prächtigen Rehbock aufgezogen. Nach der erreichten Geschlechtsreife, wie schon erwähnt, hatte er jedoch entsprechend reagiert. Nachdem er einigen betagten Damen die ihn provozierende Nonnenkleidung zerrissen hatte, wurde er in ein Revier mit Verständnis für sein Verhalten ausgewildert. Nach einigen Monaten hörten wir, dass in einem Nachbarrevier ein kranker Bock mit einer Ohrmarke direkt auf einem Bauernhof „von seinem Leiden" erlöst wurde.

Ein aus dem Nest herausgefallener noch nicht flugfähiger Rabe wird mitgenommen und irrtümlicherweise vor dem Verhungern gerettet. Als erwachsener Rabe fliegt er nämlich Menschen an, in gutem Glauben, dass er dort was zu fressen bekommt. Hier entstehen Missverständnisse. Wir Menschen nennen das Ganze dann abnormales Verhalten.

Ein sonst nachtaktives Tier geht tagsüber spazieren, kennt keine Scheu, zeigt kein Fluchtverhalten vor Hunden und lebt, bedingt durch seine exzentrischen Aktivitäten, sehr gefährlich. Ein Jäger, der das normale Verhalten gut kennt, sieht diese z.B. beim Reh als krank an und soll im Rahmen der Krankheitsselektion dieses Stück der Natur entnehmen. Eine Ohrmarke erklärt oft eine solche Abnormität.

Die natürliche Auslese wird oft durch Unwissenheit gutmütiger Menschen ausgeschaltet. Die blind gebliebenen Welpen von Fuchs, Marder, Dachs oder Kaninchen werden liebevoll durch Menschenhand aufgezogen. Überlebensfähig sind sie aber ohne fremde Hilfe nicht.

Versuchen wir es mal realistisch zu betrachten. Hier gilt: Hände weg von Wildtieren! Die aus Produktivitätsgründen bei Nutztieren praktizierten Kreuzungen sollten hier der Natur überlassen werden. Die Kreuzungen haben abnormales Verhalten, was von Artgenossen und der Natur selten akzeptiert wird. Die auf diesen Wegen „geschwächten" Tiere sollen von Auswilderungen ausgeschlossen werden. Die durch oft falschverstandene Tierliebe ausgeschaltete natürliche Auslese, soll durch sachkundige Menschen wie Wildbiologen und Jäger mit ihren gründlichen Ausbildungen unterstützt werden. Die Liste der bekannten und nicht immer wünschenswert funktionierenden Auswilderungen könnte hier lang werden.

Die Luchsauswilderung war zu kostspielig und hatte große Verluste mit sich gebracht. Der neue Biber hatte sich schnell etabliert. Die „englisch sprechenden" schwarzen Eichhörnchen haben sich nach der Auswilderung mit unseren roten Eichkätzchen verpaart. Nesträuber und Plünderer der Wintervogelfutterplätze sind entstanden. Die Kreuzung brachte gesunde Vitalität mit sich, dadurch wurden die Tiere aggressiver und unberechenbar. Das Haarkleid sieht wie die neueste Modeerscheinung aus.

Bei einem ausgewilderten Bären war zu sehen, dass er ein Schaf lebend fressen wollte. Das Töten hatte er nicht gelernt, weil die Fütterung der Wildtiere in Gefangenschaft (bis auf wenige Ausnahmen) mit lebenden Tieren verboten ist. Reduzierte Menschenscheu, sonstige Abnormitäten und dazu seine Stärke könnte sehr gefährlich werden.

Die unrentabel gewordenen Gehege und Pelzfarmen haben unsere Natur um einige unerwünschte „Mitbewohner" bereichert. Bisam, Mink usw.

Für einen Kunden habe ich in einem Gehege ein ca. achtzig Kilogramm schweres Wildschwein immobilisiert. Handschlag, bezahlt, gekauft. Mein Kunde hatte ihn betäubt wie er gerade war, in seinen PKW-Anhänger aufgeladen und wir haben alle drei die Heimreise angetreten. Irgendwann unterwegs sehen wir ein Schwarzwildstück neben der Bundesstraße galoppieren. Unser Keiler im Anhänger ist wach geworden und hatte sogleich die Qualität des Anhängers getestet. Die schwachen Seitenwände haben ihm die Selbstauswilderung leicht gemacht.

Man hört immer öfter von handzahmen und scheulosen Füchsen, Wildschweinen und Waschbären in Großstäten. Worauf ist das zurückzuführen? Ist es Inzucht infolge der Überpopulation? Ist es eine Krankheit wie z.B. Borreliose? Unsere von Zecken angesteckten Hunde weisen bei o.g. Krankheit ähnliches apathisches Verhalten auf. Oder nur „falsche Erziehung"? Eine verbindliche Antwort haben wir noch nicht.

Bei der Vorbereitung der Wildtiere auf die Auswilderung sollten wir ähnlich wie beim Zukauf der „Blutauffrischung" bei unseren Zuchttieren vorgehen. Die Neulinge zuerst getrennt aber in Sichtkontakt halten. Getrennt wegen Ansteckungsgefahren und vorbeugender Behandlungen, Sichtkontakt wegen der schon erwähnten Angewöhnung und Akzeptanz.

In der bereits erwähnten zeitaufwendigen und kostspieligen Vorbereitung für die Auswilderung, sollte man versuchen der Kreatur sein artspezifisches Verhalten zurückzugeben, die Nahrung aus der Natur zu nehmen. Die Scheu vor dem Menschen und vor dem Hund zurückgeben. Die Nachtaktivität kennt sie nicht, mit dem Winter kann das Halbhaustier auch nicht umgehen.

Nach einer ernsthaften Bewerbung für die Durchführung der Auswilderungen aus einem Tierheim, stieß ich auf gewaltige Bildungslücken des führenden Personals. Man hatte vermutlich aus Kostengründen gedacht, den handzahmen „bösen Wolf" einfach bei Nacht und Nebel im Wald sanft aus dem Auto schieben zu können. Fertig ist die Problemlösung. Einige Fotos von der (Un-)Menschlichkeit könnten sich als spendenwirksam verwerten lassen.

Der Sibirische Rehbock (Wildfang) sollte in einer großräumigen Abzäunung einige Wochen lang aus größerer Entfernung beobachtet werden. Hier schafft er sich sein eigenes „Minirevier" aus dem er sich dann nicht vertreiben lässt. Bei der mir bekannten Auswilderung der o.g. Böcke musste man feststellen, dass bereits die dritte Generation dem Biotop völlig angepasst war. Die Körpergröße hatte die Natur reduziert. Die Integration hatte hier in unerwünschter Weise funktioniert.

Natürlicherweise sucht jeder Neuling zuerst seinen alten Einstand. Je nach Tierart orientieren sie sich gut und finden zurück was eigentlich nicht Sinn der Sache war oder sie werden zu Opfern der unüberwindbaren Entfernung.

Die Brieftaube findet auch nach einigen hundert Kilometern ihre „Wohnstube" wieder, der Igel findet nach einigen hundert Metern nicht mehr zurück.

Für ein anderes Tierheim führte ich einmal Auswilderungen durch. Für die kostspieligen Vorbereitungen verlangte ich eine Kostenerstattung. Vorbei war dann die Liebe, wie in fast allen Bereichen des Lebens, wenn finanzielle Werte ins Spiel kommen. Das liebe Geld hatte schon so manchen Unfrieden gestiftet. Die kleinen Tierschutzvereine, die keine Zuschüsse von Kommunen erhalten sind gezwungen durch Strafanzeigen ein paar Münzen in die Kasse hineinrollen zu lassen.

4. WILDTIERMANAGEMENT IN EINER GROSSSTADT ODER AUF EINEM DORFWEIHER

Man sollte das Gute mit dem Nützlichen verbinden. In einigen Friedhöfen und Parks sind mir Erholungssuchende aufgefallen, die auf den Ruhebänken saßen. Einige davon haben die Enten mit Brot gefüttert, andere haben den Anblick des bunten Wassergeflügels sichtlich genießen können. Man hatte hier vor lauter Federn kaum das Wasser gesehen.

Anstelle einer oberflächigen Bejagung der Überpopulation erarbeitete ich einen Bewirtschaftungsvorschlag. Hier fing ich an, mit dem Gutem, dann kam das Nützliche und das Zauberwort „Wirtschaftlichkeit" sollte hier auch nachweisbar sein.

Die gute Sache ist die Natur, die jeder von uns einige Jahrzehnte genießen darf. Also fangen wir mal an unsere Mini-Zeit auf dieser Erde zu selektieren und Prioritäten zu setzen. Wir könnten versuchen, uns und unseren Mitmenschen die Zeit ein bisschen angenehmer zu gestalten. Der Anblick im Park in der Mittagspause, mit Kindern am Wochenende oder in unserem Lebensabend noch auf der Bank auf einem Friedhof.

Meistens finden wir zu viel Wassergeflügel und damit zu viele hungrige Schnäbel vor. Nach Hause gehen wir dann mit gemischten Gefühlen auf einem verkoteten Gehweg.

Also die Tiere sollen weniger, dafür gesund und im Gleichgewicht zum Habitat werden. Bei der klassischen Bejagung werden die Familienverbände unbewusst zerstört. Fehlen dann Leittiere, führt es vorübergehend zu Orientierungslosigkeit. Was nun? Zuerst eine Bestandsaufnahme erstellen.

Die ausgewählte Menge nach dem „Arche Noah Prinzip" selektieren, einige Brutpaare sichtlich kennzeichnen und wieder freilassen. Den Rest umsiedeln – wohin auch immer.

Die Jahre danach fast alle ausgewachsenen Jungtiere entfernen. Im Winter, falls möglich, für eisfreie Flächen sorgen und in Notzeiten mäßig zufüttern

Ruhezonen und Schutz der Brutplätze vor Menschen, deren Hunden und anderen „Räubern" lassen, sich auf Inseln oder in ohnehin von Naturschützern abgezäunte Schilf-Uferbereiche mit wenig Aufwand errichten.

Die Belohnung sind die gesunden Jungtiere als „Augenweide" für die Erholungsuchenden und als „Lernort Natur" für unsere Kinder.

Das war nur ein Beispiel für das Wasserwild. Dieses Management kann man auf mehrere Wildarten und Kulturfolger ausweiten. Der Aufwand und Nutzen lässt sich auch in einen kaufmännischen Einklang bringen z.B. durch Zufuhr der Überpopulation zum Lebensmittelbereich.

Aufrufe für Spenden für mitwirkende Tierschutz- und andere gemeinnützige Organisationen. Öffentlich aufgestellte Futtergeldkassen mit einer kleinen Aufklärung über unhygienische Fütterung am Boden oder im Wasser lassen die Kassen klingen.

Zu Bedenken ist, dass es sich meistens um die dem Jagdgesetz unterliegenden Tiere, dem sogenannten Wild handelt. Hier sind die unteren Jagdbehörden die Ansprechpartner.

Es liegt in der Natur, dass man hier zu einem Vorgespräch mit einem realistisch durchgeplanten Konzept, ohne Träumereien und abartigen Hintergedanken erscheint.

Es wurde ein Einbruch in eine Küche gemeldet. Von der Polizei wurde ich sodann aufgefordert mit den „Einbrechern" zu verhandeln und Ordnung zu schaffen. Drei junge Eichkätzchen haben in einer Küche gespielt. Bei näherer Betrachtung des Kriminalfalles durfte ich feststellen, dass sie in der Küche im sechsten Stock geboren sind. An der Außenfassade in einer Höhe von ca. fünfzehn Metern hat ein Lüftungsschutzgitter gefehlt. Mit Bewunderung beobachtete ich das Eichkätzchen, wie es mit Leichtigkeit die Fassade mühelos bis zur Öffnung im sechsten Stock kletterte. Das Nest und die drei „Jungräuber" wurden in die Außenmaueröffnung hineingeschoben, das Lüftungsgitter wurde in der Küche montiert. Die eine Familie hat dann noch eine Zeit lang auf der Fassade des Hochhauses gespielt. Die andere Familie hat sich wieder in die Küche getraut.

Lustige und weniger lustige Geschichten, arbeitsintensive und solche, die sich von selbst erledigt haben, könnte man hier zuhauf beschreiben.

Letztere sind die schönsten, die natürlichsten. Hier kommt der Mensch und sein „Management" kaum vor.

VIII. DER „HERR" HUND

Wie auch in anderen Bereichen unseres Lebens lassen wir auch hier auf dem Gebiet unserer Schwächen Menschen heran, die es besser können. Im Jagdbetrieb ist es der Hund, der besser schwimmen kann, der die bessere Nase hat und auch beim Lautgeben ist er manchmal, wenn auch selten, besser als wir. Wenn man ihm erklärt, wie er es mit uns machen soll und er es auch verstanden hat, dann dürfen wir ihn Jagdhund nennen. Wenn wir dann überzeugt und lauthals verkünden „Mein Hund ist der Beste!", dann haben wir seine Ausbildung gut gemacht. Ein Arbeitsteam ist entstanden. Wir werden die wunderbare Arbeit mit dem „brauchbaren Hund" (Bezeichnung für eine Ausbildungsstufe) genießen.

Die Wahl der Hunderasse wird jedem selbst überlassen, allerdings soll die Antwort auch hier sein: Nur der Beste für die anstehende Arbeit. Bei mir war die Rasse schon da. Nur mein Umgang mit der Kreatur hatte unter anderem dazu beigetragen, dass ich für die edle Aufgabe des Stadtjägers engagiert wurde. Ein Stadtangestellter, der meine selbstdisziplinierte Ruhe vor der Schussabgabe und den Umgang mit meinem Vierbeiner bei einer Gesellschaftsjagd beobachtete, sagte später einmal: „Wer mit einem Hund umgehen kann, der schafft es auch mit den „giftigen Mitmenschen" in unseren Parks". Den Hund an der Leine zu führen war dann doch einfacher, auf den Pfiff hat er auch besser reagiert.

Bei der Hundeausbildung sagte der Kursleiter mal „Wenn du wissen willst, wer dich mehr liebt, dein Hund oder deine Frau, dann sperrst du die beiden für eine Stunde in den Kofferraum deines Autos. Danach beobachte genau, wer sich mehr freut dich wieder zu sehen." Bei der Analyse des Experiments ist uns dann die Zeit knapp geworden. Der Hund ist mir nachgelaufen. Die gerade hergestellte Rangordnung hatte lange gehalten.

In der Stadtjagd muss es zwischen dem Hund und Jäger reibungslos funktionieren. Für die kritischen Zuschauer muss die Zusammenarbeit eine Augenweide sein. Sollte dies einmal nicht der Fall sein, dann könnte es, wie diese kleine Geschichte, mit einer kalten Dusche enden.

Halle 17
Halle 4
ndesjagdverband Baye

Instinktiv betrat mein Hund keine dünnen Eisflächen. Es kam mal so, dass ein See in einem Stadtpark bis zur Mitte leicht zugefroren war. Am Ende der Eisschicht lag im Wasser eine zu apportierende Graugans. Nach einem Blick in Richtung Eis, verweigerte mein „Mitarbeiter" das Apportkommando. In einigen Sprachen (laut und leise, brav und wütend) versuchte ich ihm klar zu machen, dass er nur bis zu der Eisfläche schwimmen soll, um die Gans aus dem Wasser zu holen. Genauso wie ich, wenn mir etwas „zu heiß" wird, so tue, als ob ich es nicht verstehe, so hatte er mich treuherzig angeschaut, vermutlich weil ihm das Wasser zu kalt war. Der Druck von inzwischen versammelten Pelzmanteldamen stieg und stieg. In aller Ruhe dieser Erde stellte ich mich hin, zog mich fast komplett aus und apportierte mir die Kreatur selbst. Missverständnisse zwischen Hundeführer und Hund kommen oft vor. Vorteilhaft wirkt es sich aus, wenn wenigstens der Mensch seine Fehler bemerkt.

Einer meiner Jagdhunde hatte sich vermutlich durch einen Zeckenbiss mit Borreliose angesteckt. Die epileptischen ähnelnden Anfälle haben ihn immer wieder für einige Minuten bewegungsunfähig gemacht. Um ihn vor anderen Hunde, die ihn als Schwächling betrachteten und angreifen wollten, zu schützen, blieb ich neben ihm stehen. Bald verstand er, dass ich für ihn lebenswichtig war. Sein Schutztrieb stieg ins Unendliche. Ohne Vorwarnung griff er jeden an, der mit mir zu laut diskutierte oder der mit den Händen „gefährliche" Bewegungen machte. Ist ja „menschlich" oder? Er brauchte mich noch, wofür meine Mitmenschen kein Verständnis hatten. In der Mitte des Lebens ist er, bedingt durch seine Krankheit, an einem sonnigem Tag eingeschlafen. Die nicht verjagten Fliegen an seiner Schnauze hatten sein Tod angekündigt.

Sein Nachfolger sollte die rassenbedingten, dem Aufgabenbereich entsprechenden Veranlagungen mitbringen. Für die Familienmitgliedschaft sorgt jeder Hund selbst.

Der Hund für die Stadtjagd soll kompromisslosen Gehorsam haben. In einem Stadtpark laufen zu viele „Leckerli und Streicheleinheiten" herum. Er soll präzise Kommandos ausführen, soll eine gute Nase haben, um kranke oder verendete Tiere schnell zu finden, er soll wasserfreudig und wetterfest sein. Auch die Schussfestigkeit habe ich mal getestet. Mein Hund hatte es überlebt, also durfte ich sodann behaupten, dass er schussfest ist. Die Schussfestigkeit ist ein Prüffach in der Jagdhunde-Ausbildung. Nach dem Hören eines lauten Geräusches wie z.B. Fallen eines Schlüsselbundes auf harten Boden neben dem Hund oder Abgabe eines Schusses, darf er keine Angst zeigen oder davonlaufen.

Meine drei Hunde, eine Hündin und zwei Rüden waren Vertreter der Rasse Laika, genauer gesagt der Westsibirischen Laika. Die Rasse sieht aus wie ein kleinerer Wolf. Vom Aussehen ähnelt sie auch einem Husky. Der Husky ist einer der besten Schlittenhunde. Damit er nicht beim Schlitten ziehen dem Schneehasen nachläuft, hat man versucht, seine Jagdtriebe herauszuzüchten. Keine seltene Erscheinung bei seiner Rasse ist ein blaues und ein braunes Auge. Bedeutet Regeneration, zurück zur Natur. Durch unkontrollierte Züchtungen entstehen wieder Jagdtriebe, belegt durch ein braunes Auge. Bedingt mit den Schwierigkeiten der Ausbildung bleiben Huskys oft unkontrollierbar. „Husky in der Schafherde", heißen dann die Schlagzeilen. Die Laika hingegen war von ihrer Wolfszeit her ein Jäger und wurde auch so naturbelassen.

Eine russisch-europäische Laika durfte einmal im Sputnik Richtung Mond fliegen. „Irgendwann hatte sie sich da oben verlaufen und kam nicht mehr zurück." Hoffentlich hatte das Gegengewicht von wissenschaftlichen Erkenntnissen ihren Verlust begründet. Bei der Arbeit in einem befriedeten Bezirk, Stadtpark, Betriebs- oder Schulgelände hat sich sein Aussehen als Vorteil herauskristallisiert, ebenso wie seine ruhige und lautlose Suche. Laut gibt

eine Laika erst dann, wenn sie die gesuchte Kreatur gefunden und gestellt hat. Logisch, was soll sie auch vorher schon herumkläffen? Mit dem Laut geben versucht sie nach einer erfolgreichen Suche Hilfe zu holen.

In einem Jogginganzug und mit einem „Mischling" an der Leine war die Nachsuche in einem Stadtgebiet kein Diskussionsthema. Manchmal war der klassisch aussehende Jagdhund in einem Stadtpark bei andersdenkenden Mitmenschen eine Provokation. Der Jäger an der Leine musste das dann ausbaden.

Etwa zehn Jahre lang war ich Züchter und Verbandsrichter dieser edlen Hunderasse. Ich musste viel Verständnis aufbringen für Menschen, die kein Verständnis für meinen Jagdhund mit stehenden Ohren und einem Ringelschwanz hatten. Eine junge Frau wollte bei mir einmal einen Welpen kaufen. Auf ihrem Jagdschein war noch die Tinte nass, passend zu ihrer Patronentasche wollte sie etwas „Imponierendes" an der Führungsleine haben. Sie hatte sich den Wurf angeschaut, dann die Elterntiere und sichtlich enttäuscht kommentierte sie ihre neuesten Erfahrungen mit dem Satz „Ja, da sieht keiner, dass ich eine Jägerin bin." Die wuscheligen Welpen waren glücklich, dass die junge Dame keinen mitnehmen durfte.

Einen „demotivierenden Beschwerdebrief" bekam ich von einem Welpen-
käufer:

EINE BEGEGNUNG DER BESONDEREN ART
Oder: Wie ich die Laika-Rasse zu lieben lernte

In meinem Leben habe ich schon fast alles wirklich Wichtige erreicht.

Ich habe ein Haus gebaut, einen Baum gepflanzt und drei wunderbare Kinder gezeugt. Nachdem nun die wichtigsten Dinge erledigt waren, musste ich mich neuen Herausforderungen stellen.
Mein Nachbar zur Rechten hat einen Fernseher, ich auch, aber
größer. Er hat ein Auto, ich auch, aber schneller. Der Eklat pas-
sierte vor ca. einem Jahr. Mein Nachbar hatte einen Hund, ich
nicht! Dieser unverschämte Mensch beteuerte zwar immer, er
habe den Hund nur aus Mitleid aus dem Tierheim mitgenommen,
aber mir war klar, dass er den Standesunterschied aufzuholen
versuchte. Meine ganze Energie habe ich ab jetzt nur noch darauf verwendet, diesem Zustand ein Ende zu bereiten. Monatelag
habe ich alle Fachzeitschriften und Vereinsnachrichten studiert,
um den besten Hund für mich (und meinen Nachbarn) zu finden.
Mein Hund durfte nicht kleiner, nicht hässlicher und keinesfalls
ein Hund aus einer Mischehe sein. Bei meinen Recherchen stieß
ich auf das Wort „Gebrauchshund". Ich war wie von den Socken,
dass man einen Hund auch gebrauchen kann. Mein Nachbar wird
sich wundern. Als ich auch in Erfahrung brachte, wofür man einen
Hund gebrauchen kann, stand mein Entschluss fest: Ich werde
Jäger, und der Hund trägt mein Gewehr.

Auf der Suche nach geeigneten Hundezüchtern stieß ich auf einen ganz besonderen Hund. Der Züchter zeigte mir das Mutter-
tier und führte mir auch sofort vor, dass dieser Hund alles kann

und auch alles mit Freude ausführt. Es war eine Laika! Der Wurf
(März 1996) bestand aus vier putzigen Welpen. Die Entscheidung,
welchen der vier ich nehmen soll war für mich eigentlich ganz
einfach. Drei der Hunde hatten immer eine schwarze Maske auf,
was ich von denen recht albern fand so nahm ich den vierten, der
etwas vernünftiger schien.

Bevor ich den Hund anschaffte, musste ich zu Hause erst die
richtige Hundeumgebung schaffen. Ich baute eine Hundehütte,
sogar mit eigener Terrasse, kaufte alle notwendigen Utensilien
und wurde auch noch von meinem Hundezüchter mit der Babydecke der Welpen ausgestattet. Die Babydecke war dazu gedacht,
den Hund einzugewöhnen und ihm nachts, wenn er alleine auf
unseren Besitz aufpassen sollte, über den Trennungsschmerz von
der Mutter hinwegzuhelfen. Die Laiki sind hervorragende Wach-
hunde. Das Anschlagen in der Nacht war eine reine Freude, dem
Hund entging nichts und er meldete jede Veränderung in der nä-
heren Umgebung. Selbst meine linke Nachbarin war davon so an-
getan, dass sie nachts in das freudige Melden mit einstimmte und
sogar versuchte, den Hund der Lautstärke zu übertreffen. Meine
Nachbarin machte das so perfekt, dass ich schon nach kurzer
Zeit meinen Hund ins Haus nehmen konnte. Seitdem wacht meine Nachbarin Tag und Nacht und ich bin ihr dankbar dafür, dass
ich meinen Hund in dieser Beziehung schonen kann.

Selbstverständlich musste ich den Hund auch richtig erziehen.
Nach etlichen Telefonaten mit Hundeschulen kam ich zu dem
Entschluss, meinen Hund an Welpenspielen teilnehmen zu lassen. Mein Züchter hatte ja so Recht, der Hund kann alles, auch
spielen. Nachdem dies geklärt war, ging ich zu einem Erzieher,
der mir einen Vortrag über Leinenführigkeit hielt. Damit mein
Hund das auch gleich richtig begreift, bekam er von diesem net-
ten Herrn ein sogenanntes Dressurhalsband. Die Erfolge waren

so überwältigend, dass ich nach drei Wochen gleich meinen Juwelier beauftragte, so eine schöne Kette auch für meine liebe Frau anzufertigen. Die Glieder sind abwechselnd in Gelb- und Weißgold gehalten. Sobald ich die Farbe der Leine geklärt habe, kann ich meine Frau mit diesem tollen Geschenk überraschen.

Es macht mich glücklich, dass der Hund nach nun sechs Monaten schon so schön folgt, wenn er will. Manchmal bin ich zwar etwas heiser von dem vielen Rufen, aber meine Stimme wird immer stärker und mit den richtigen Atemübungen habe ich auch keine Luftprobleme mehr.

Aus meiner Erfahrung heraus kann ich sagen, dass der wichtigste Hundebefehl „Aus" heißt. Dieser Befehl ist so gut wie nie fehl am Platz. Es gibt eigentlich nichts Schöneres, als einen so schlauen Hund zu haben, der sofort schwanzwedelnd mit den Stofftieren meiner Kinder das Weite sucht, wenn dieses Kommando gegeben wird. Der Hund ist auch so klug, dass er vom ersten Tag an begriffen hat, dass bei uns Ordnung herrscht. Er befördert freudig alte Blechdosen, herumliegende Spielsachen, Schuhe und sogar Wäschestücke an Orte, die von uns nicht einsehbar sind. Selbst der Esstisch wird regelmäßig durch dieses intelligente Tier abgeräumt. Wir haben nun mehr Ordnung als früher, darüber freuen wir uns jeden Tag.

Es ist bei dieser Rasse auch nicht notwendig alles zu üben, was in den bekannten Hundebüchern steht. Ein gutes Beispiel dazu ist das Apportieren. Ich bin der festen Überzeugung, dass diesen Hunden das Apportieren im Blut liegt. Es bedarf keinerlei Kommandos, wenn der Hund meine Kinder oder ihre Freunde am Gartentor mit einem freudigen Armgriff (den Rückengriff habe ich meinem Hund verboten) fasst und zu mir bringt.

Auch die gemeinsamen Aktionen mit seinem Herrn verhelfen spielerisch zu erstaunlichen Ergebnissen. Mein Hund braucht heute meine Anweisung nicht mehr, wenn es z.B. darum geht den Garten umzugraben. Wie durch eine Eingebung macht er sich regelmäßig auf, um mir die schwere Arbeit abzunehmen.

Es gab eigentlich nie eine Diskussion darüber, wer bei uns den Ton angibt. Mein Hund wusste von Anfang an, dass ich ihn liebe und Liebe fordert nun einmal auch. Der Hund suchte bei jeder Gelegenheit zu beweisen, dass mein Vertrauen in ihn berechtigt ist. Dies ging eine Zeit lang so weit, dass er mir jedes Mal zeigte (hochwürgte), was er kurz vorher gegessen hatte. Bei dieser Geste schmolz ich regelmäßig dahin. Da ich eine solche Unterwürfigkeit nicht länger fordern wollte, sprach ich mit meinem Hund und gab ihm zum Zeichen meines Vertrauens frische grüne Pansen. Der Hund war glücklich, ich war glücklich, nur meine liebe Frau kam sich vernachlässigt vor. Jedes Mal, wenn ich die Pansendose öffnete, wurde sie traurig und versuchte, mit den gleichen Unterwürfigkeitsgesten (ich zeige dir was ich gegessen habe), meine Aufmerksamkeit auf sich zu ziehen. Es bedurfte langer Gespräche, bis meine Frau begriffen hat, dass meine Liebe für beide reicht.

Auch bei der Gesundheit geht man bei dieser Rasse keinerlei Risiko ein. Ich traute meinen Augen nicht, als mein frisch erworbener Hund ein Hindernis, das aus einem kleinen Blumentopf bestand, nicht überwinden konnte. Mein erster Gedanke war natürlich der an eine Hüftgelenkdysplasie. In meiner Enttäuschung sah ich den Züchter schon vor Gericht stehen. Erst der Zuchtwart konnte mich beruhigen. Er bescheinigte dem Hund beste Gesundheit. Ich hatte mich zum Glück umsonst aufgeregt. Den grazilen und vor allem den geraden Gang kann ich täglich an den Pfotenspuren auf Parkett und Teppich überprüfen. Heute weiß ich, dass man einem Zuchtwart voll vertrauen kann. Er gab mir sogar schriftlich, dass der Hund ein einwandfreies Scherengebiss hat.

Zahnformel:

$$\text{Milchgebiss:} \quad \begin{array}{ccc} 3 & | & 3 \\ S & - E - & B \\ 3 & | & 6 \end{array} = 28 \text{ Zähne}$$

$$\text{Dauergebiss:} \quad \begin{array}{ccc} 3 & | & 3 \\ S & - E - & B \\ 3 & | & 7 \end{array} = 42 \text{ Zähne}$$

Alleine das Milchgebiss ist schon von unschätzbarem Wert. Mein Hund ist mir bei allen Arbeiten derart behilflich, dass ich hier stolz einige Beispiele nennen möchte. Er zerkleinert mein Altpapier, Blumen und Büsche werden fachgerecht zurechtgeschnitten, größere Holzstücke werden tonnengerecht aufbereitet, schärfere Kanten an Möbelstücken werden ungefährlich abgerundet, abstehende Teppichschlingen werden beseitigt., längere Schnürsenkel werden auf das richtige Maß gestutzt usw., usw. Voller Freude sehe ich schon dem Dauergebiss entgegen.

Auch das Fell dieser Rasse ist von höchster Widerstandskraft. Mein Hund liebt es, sich in irgendeinem stinkenden Dreck, ob Losung oder sonst etwas, zu wälzen. Aber Saubermachen, waschen mit Shampoo oder gar bürsten ist hier nicht erforderlich. Durch das ständige Haaren ist der Hund spätestens nach zwei Tagen wieder so sauber wie frisch gekauft.

Die Laiki sind sicherlich von Natur aus Hunde, die sich durch nichts aus der Ruhe bringen lassen. Oft genug habe ich die Schussfestigkeit meines Hundes überprüft. Der laute Knall lässt nur mich etwas zusammenzucken, aber der Hund schaut nur gelangweilt. Dies ist auch meist der Fall, wenn ich mit der Dressur-Doppelpfeife laute Signale gebe. Nur meine Ohren werden belästigt, wobei der Hund völlig ruhig bleibt. Wir haben außer dieser schönen Laika auch noch einen schwarzen Kater. Unser aufmerksamer Kater stellte neulich eine andere Katze auf unserer Kellertreppe und beide Katzen begannen sich gegenseitig lauthals anzusingen. Durch zwei Stockwerke hindurch war der Gesang noch ohrenbetäubend. Mein Hund, ich muss sagen mein wesensfester Hund, hatte die Ruhe, erst seinen Herrn aufstehen zu lassen, um nach dem Rechten zu sehen. So eine Wesensfestigkeit würde ich mir für mich auch wünschen. Alleine die Ruhe, die dieser Hund ausstrahlt, wenn er im Garten ein Sonnenbad auf meiner gepolsterten Liege nimmt, strengt mich so an, dass ich gerne neben ihm am Boden sitze, um ihm bei Bedarf ein kleines Leckerli reichen zu können.

Ich hätte nie gedacht, dass eine Laika mein Leben so bereichern kann. Mein Horizont wurde seit dem Erwerb enorm erweitert. Heute kenne ich mich mit Versicherungen, Steuerangelegenheiten, Ärzten, Ernährungsplänen, Hundebefehlen, Körper- und Pfeifsignalen, Zeckenentfernung, Zahnformeln (s.o.) und psychologischen Spielereien perfekt aus.

All diese vielen Vorteile der Laikarasse gegenüber einem gewöhnlichen Hund sollten jetzt jedem klar sein und eine Entscheidung gegen eine Laika kann ich heute nicht mehr verstehen.

IX. DIE PERSÖNLICHKEIT DES (STADT-) JÄGERS

Die Bezeichnung „Jäger" ist ein Oberbegriff wie „Wald". Dort gibt es Bäume, die aus hartem Holz gewachsen sind, es gibt aber auch welche, die nur nach ihrer individuellen Stärke belastbar sind. Bei Jägern gibt es die passionierten und dann unzählige „Abstammungen", die man hier nicht alle beschreiben kann.

Für den Sachbearbeiter der Unteren Jagdbehörde beginnt die Qual der Wahl bei der Auswahl eines jagdlich sachkundigen Mitarbeiters. Er will ihm möglichst viel Verantwortung seines Amtes übertragen. Wenn der Bewerber aber die Verantwortung im Blut hat, kann es passieren, dass er schon genug davon hat und dass er nicht noch mehr Haftung übernehmen will. Als „Basisprodukt" nimmt der Beamte einen Jagdscheininhaber.

Jagdpassion sollte hier schon vorhanden sein. Die soll aber der Bewerber sehr gut im „Griff" haben. Er sollen mit den Behörden zusammen, weisungsgebunden aber auch selbstständig arbeiten können; mit überdurchschnittlich gut ausgeprägter Selbstdisziplin ohne „schusshitzig" (eine negative Bezeichnung aus der Jägersprache) zu sein und ohne übertriebenen Trophäenkult.

Streitsüchtigkeit soll für ihn ein Fremdwort sein. Das ruhige Auftreten soll ihr oder ihm „angewölft" sein. Er sollte Frühaufsteher sein, damit er schon wieder zu Hause ist, wenn die ersten Parkbesucher am Horizont erscheinen.

Flexibilität für die Zusammenarbeit mit der Polizei, Feuerwehr, den Tierschutzverbänden und den in verschiedene Richtungen veranlagten Mitbürgern soll nicht nur in seinem Bewerbungsschreiben nachweisbar sein.

Wildtiermanagement in befriedeten Bezirken beinhaltet alle freilebenden Tiere in o.g. Gebiet. Folgedessen sollte er einen speziell für dieses Arbeitsgebiet ausgebildeten Hund führen, in unversehrtem Lebendfang sachkundig sein und vieles mehr.

Das alles hier geschickt in einem Bewerbungsschreiben positiv zu platzieren ist mit ein bisschen Fantasie kein Problem. Zu Schwierigkeiten und damit verbundenen Sicherheitsrisiken führen fehlende Eigenschaften erst in der Praxis. Der oft im Rampenlicht stehende Stadtjäger soll hier auch ein Vorbild als Jäger sein.

Die Persönlichkeitszüge des Jägers sind mit dem Begriff „Weidgerechtigkeit" (Ehrenkodex der Jäger) sehr dehnbar definiert. Der Mensch neigt dazu, sich das Bequemste und Angenehmste herauszupicken, der steinige, der oft einzige zu seriösem Ziel führende Weg wird mit phantasievollen Begründungen missachtet, manchmal mit Füßen getreten. Oberflächlichkeit, mangelnde Verantwortung, Egoismus und vieles mehr breiten sich in allen Gesellschaftsschichten aus. Mit Begriffen wie zum Beispiel „Zuverlässigkeit" versucht man die Disziplin, Verantwortung und Ethik insbesondere beim Umgang mit Waffen und der Kreatur wiederzubeleben.

Die in alten Jagdbüchern beschriebenen Werte und Qualitäten der Jägerpersönlichkeit, kann in unserer Wohlstandsgesellschaft nicht erreicht werden. Aus Sicherheitsgründen sollten o.g. Begriffe wie zum Beispiel „Zuverlässigkeit" zumindest beim Umgang mit der Waffe ein Muss sein.

Dem Bewerber für „die Jagd vor der Haustür" sollen mit diesem Ratgeber verantwortungsvolle, faszinierende und manchmal auch demotivierende Seiten dieser Tätigkeit vor Augen geführt werden. Die Anzahl der enttäuschten Bewerber soll minimiert werden, die umfangreichen Beamtentätigkeiten und damit verbundene Arbeitszeit für Überprüfungen der zahlreichen Interessenten können dann anderweitig produktiver eingesetzt werden.

So viel zu der gewünschten Persönlichkeit des Jägers. Für diejenigen, die in dem „großmaschigen" Sieb hängen bleiben, beginnt dann eine interessante Zeit.

Aus meiner Sicht und von meinem Standpunkt aus kann ich von einer Faszination des Lernens und Verstehens der Naturgesetze sprechen. Man sitzt auf einem „gehobenen Posten" mit offenen Augen und Ohren. Man muss zuerst die Zusammenhänge in der Natur aufnehmen und begreifen, erst dann kann man das Wildtiermanagement „früchtetragend" praktizieren.

Auch hier sollten wir nicht versuchen die Welt zu verbessern, sondern uns mit geübter Flexibilität, so weit wie wir es selbst wollen, anzupassen. Klingt kompliziert, ist es aber nicht. Wie nach dem Aufsetzen der 3D-Brillen sitzt man plötzlich mitten im Geschehen. Zwischen Wildtier, Stadt- und Landmensch, zwischen emotionalen Tierschützern und Hausbesitzern, die gerade erfahren haben, dass sie dank einer Hausmarder-Familie das Dach sanieren müssen.

An dieser Stelle durfte ich begreifen wie unbedeutend wir kleinen Menschlein auf dieser Erde sind. Ab diesem Zeitpunkt gab es keine „großen Probleme" mehr, die Familie und die Gesundheit sind in den Fokus gerückt.

In dem von mir veranstalteten Unternehmenstraining für Jungunternehmer kamen dann einige neue Fächer wie „Beruf, Hobby und Familie unter einen Hut bringen", „Zeitwirtschaft" oder „Umgang mit Erfolg oder Misserfolg" dazu.

Man sitzt da oben mit offenen Augen, man zwingt sich zur Ruhe, das Gehirn kann man nicht ausschalten. Mit den Augen kann man die Natur beobachten und sich gleichzeitig Gedanken über den Beruf, Hobby, Familie, Erfolg oder sinnvolle Zeitnutzung und vieles mehr machen. Irgendwann merkt man, dass einem die zur Verfügung gestellte Zeit nicht ausreicht, deshalb nutze ich meine Ansitzzeit immer doppelt:

Ansitzüberblick, Gedanken, Notizen. Nach Hause gehe ich dann mit einem frisch geschriebenen Geschäfts- oder Behördenbrief in meinem Rucksack. Die in Kap. VI beschriebene, mit mehreren Neuigkeiten ausgestattete und vom Patentamt in alle Richtungen geprüfte Kleintier Hajdafalle für den unversehrten Lebendfang ist zeitlich und planerisch gesehen größtenteils bei Ansitzen entstanden.

Völlig unangebracht sind Sprüche über vermeintlich sinnlos verlorenen Nächte des Jägers. Viele Berufs- und Familienplanungen sowie schöne Jagdbücher sind bei Mondschein und Bodennebel in einem Jagdrevier entstanden. Jeder Ort bietet etwas Positives, man muss es nur sehen wollen.

Mit großer Begeisterung beschrieb ich Landschaften im Ausland, bis ich bemerkt habe, dass es daheim noch schöner ist. Man sollte aber beides gesehen haben, um realistische Vergleiche ziehen zu können.

DER AUTOR

1945	Geboren in Tschechien
1951 - 1968	Mittlere Reife, Handwerkslehre, Militär, Produktionsassistent bei staatlicher Filmgesellschaft
1968	„Politischer Standortwechsel" von Tschechien in die Bundesrepublik Deutschland
1968 - 1973	Dreher-, Fernfahrer- und Dachdeckervorarbeiter
1973 - 1975	Bauzeichnerschule
1975 - 1977	Bautechnikerschule
1977	Pädagogische Eignungsprüfung
1978	Dachdeckermeisterschule
1978 - 1980	Freiberuflicher Bauleiter

1981	Gründung der Dachdecker- und Spenglerfirma mit durchschnittlich 15 Mitarbeitern
1983-1985	Ausbildung zum Betriebswirt des Handwerks
1986-1987	Spenglermeisterschule
1989	Umwandlung der Dachdecker- und Spenglerfirma zur GmbH
1993	Gründung der GfN mbH
2003	Übergabe der Dachdecker- und Spenglerfirma Hajda GmbH an Köchel
2010	Übergabe der GfN mbH an Josef Max Hajda Die Aufgaben der GfN mbH wurden durch Satzungsänderung von Wildtiermanagement zur Netzwerk- und Betriebsprozess-optimierung geändert.
2010	Gesetzlicher Ruhestand „schon" mit 65. Um die mit viel „Lehrgeld" erworbenen Lebenserfahrungen nicht mit ins Grab zu nehmen, bemühe ich mich diese weiter zu vermitteln.

X. GEDANKEN ZU UNSERER GESUNDHEIT UND DIE DER FREILEBENDEN TIERE

Dem Vorwort und Kap. XI ist zu entnehmen, dass es sich hierbei nicht nur um Tierschutz oder Jagd handelt, sondern vorwiegend um den Schutz der Bevölkerung, die Gesundheitspflege und die Vorbeugung materieller Schäden.

Ein Steinmarder, der als ein ungebetener Gast in unserem Haus wohnt, entsorgt die Mäuse aus dem Haus. Er nimmt aber die Wärmedämmung und damit auch die Wärme des Hauses in Anspruch. Damit pflegt er ohne Zweifel auch seinen Körper. Außer Tollwut, die in weiten Teilen Mitteleuropas derzeit als ausgerottet gilt, bringt er kaum auf den Menschen übertragbare Krankheiten ins Haus.

Anders ist es beim Fuchs. Selbst wenn er sich im Winter in seinen Fuchsbau zurückzieht, gibt es dort kaum pflegende Wärme. Ob es hier einen wissenschaftlichen Beweis des Zusammenhangs gibt ist mir nicht bekannt, in allen Fällen bringt der Fuchs mehr auf die Menschen übertragbare Krankheiten mit sich als andere Wildtiere. Hier zwei aktuelle Beispiele:

Fuchsbandwurm und Fuchsräude. Welche Zerstörungsmechanismen der Fuchsbandwurm in tierischen und menschlichen Körpern hinterlässt ist bekannt. Die Hysterie Fuchsbandwurm hat meiner Meinung nach auch andere ernst zu nehmende „Spuren" in manchen Schulen hinterlassen. Über die Behauptung der Fachleute, dass Fuchsräude nicht auf den Mensch übertragbar ist, lässt sich mit Erfolg streiten.

Es ist so, dass sich Milben als Ektoparasiten nach dem Verenden des Wirstieres durch ihren Selbsterhaltungtrieb einen neuen Wirt suchen. Hier ist der Jäger bei der Entsorgung des erlegten räudigen Fuchses ein willkommener vorübergehender Ersatz. Vermehren können sich die Räudemilben am menschlichem Körper nicht.

Es juckt zuerst zwischen den Fingern, seitlich der Nase und in der Unterhose. Wir Menschen haben Seife, Shampoo und das Zauberwort Hygiene. Freilebenden Tiere haben so etwas nicht. Bei einem Fuchs haben Milben die Chance sich so zu vermehren, dass sie ihm zuerst die Haut und dann das Gewebe bis zu den Knochen runter fressen. Viren, Bakterien und Parasiten nehmen schließlich die Einladung des geschwächten Körpers an und besorgen den Rest. Bis der Fuchs herausfindet, dass er das durch Sonnenbestrahlung behandeln könnte, ist es in den meisten Fällen zu spät.

Rehe entwurmen sich durch Aufnahme von frischen Weißtannentrieben. Etliche Krankheiten werden mit dieser „Entschlackungskur" behandelt. Das heißt, auf unbestimmte Zeit verzichten die Tiere auf das Futter, in dieser Zeit trinken sie umso mehr. Ein Landwirt und Jäger beobachtete mal ein krankes Reh, das täglich zu einer Wasserquelle kam, um sich eine Verletzung zu kühlen und reinigen. Einige Wochen lang kam der „Naturheilkundepatient". Die Wunde verheilte vollkommen.

Mit Kaltwasserumschlägen aus dieser Quelle begann dann der Landwirt seine Hofbediensteten zu heilen. Bald kam das Bauernvolk aus der ganzen Umgebung zu diesem „Wasserwunderheiler" und ließ sich von ihm behandeln. Es folgte der Adel aus Wien. Heute steht auf dieser Stelle ein prächtiges Prießnitzkurhaus. Sebastian Kneipp war hier auch mal ein wissbegieriger Patient (siehe „Quellen lebendigen Wassers" von Vinzenz Prießnitz).

Nun zurück zu unseren Wildtieren in befriedeten Bezirken. Bei Tieren, die es nicht schaffen, sich aus der „Naturapotheke" zu bedienen um sich damit zu heilen, folgt die Kadaverentsorgung durch einen „kompetenten" Menschen. Hier setzt sich unbewusst ein weniger Erfahrener den Ansteckungsgefahren aus.

Man spricht hier von Mitarbeitern der Verwaltungen, Polizisten, Stadtjägern oder Wildhüter. Dieser Personenkreis soll über die von Tier auf Mensch übertragbaren Krankheiten informiert sein. Der gutmütige Bürger, der die räudigen Füchse oder an Myxomatose erkrankten Kaninchen bei einem Tierarzt vorbeibringen will, soll seine Emotionen mit „einem Schuss" Realismus verdünnen. Das Endprodukt dieser einfachen Formel ergibt dann die Bezeichnung „natürliche Auslese". So manches erledigt die Natur selbst. Der Mensch soll ihr nur mehr Freilauf lassen.

Wir haben die Möglichkeit Krankheiten vorzubeugen und durch überdurchschnittlich gute medizinische Kenntnisse der Wissenschaft unser Leben relativ beweglich und geistig lange fit zu genießen. Zur Vorbeugung von Krankheiten gibt es in den Medien für alle Altersklassen genügend gut gemeinte Ratschläge.

Was den angesprochenen Personenkreis betrifft, da sollte man falschen Stolz ablegen und nicht den Helden spielen und zum Beispiel ohne Mundschutz und Handschuhen mit kranken und verendeten Tieren arbeiten.

Manche auch noch so „hilfreiche" Chemikalie sollte aus einer gesunden Entfernung aus betrachtet werden. Man muss nicht unmittelbar nach dem Aussteigen aus dem Auto in der freien Natur die Ohrenschützer aufsetzen obwohl das bei beabsichtigter Schussabgabe von der Berufsgenossenschaft so vorgesehen ist. Man beraubt sich des Vogelkonzerts in den Morgenstunden, des Raschelns der Igel im Laub und vieles mehr. Es reicht die Scheuklappen und Ohrenschützer, oder welche technische Ausstattung auch immer, erst unmittelbar vor den „gesundheitsschädigenden" Handlungen zu verwenden.

Es muss auch nicht sein, bei mehr als -20° C auf einem offenen Hochsitz stundenlang auszuharren. Der goldene Mittelweg, was auch immer darunter verstanden wird, ist hier zu empfehlen.

Hier eine kleine Geschichte aus dem Leben: Auch ich wollte mal einen „Jagdkameraden", einen Hund, haben. Ein Welpe der edlen Rasse musste her. Der zweite Hund, ein Rüde hatte Epilepsie-ähnliche Anfälle bekommen. Ein Jagdfreund und Professor an der Tierärztlichen Fakultät wusste damals, Anfang der 90er Jahre, in unserem Borreliose-unerfahrenem Land nicht, wie die Lähmungen einzuordnen sind. Auf einer Gesellschaftsjagd, nach einem Anfall, als der Hund halbgelähmt am Boden lag und die Kameraden mich mit guten Ratschlägen überschütteten, kam ein schwedischer Tierarzt zu mir sagte in verständlichem Deutsch: „Weißt du, dass dein Hund Bo-rre-li-ose hat? Er ist kein Epileptiker, er ist geistig voll da." Na sowas? Was war denn das schon wieder? Das Wort habe ich mir aufgeschrieben und ging dann mit dem Schmierzettel zu einem jungen ehrgeizigen Tierarzt.

Bedenklich hatte er die Rechnungen seiner Kollegen über einige tausende DM angeschaut und stellte fest: „Ja, auf Borreliose wurde nicht untersucht. Dann machen wir das." Gesagt, getan – positiv. Was nun? Acht Wochen Antibiotika. Nach einigen Wochen hat der Hund mich und die Tabletten angeknurrt und mir die Zähne gezeigt. Dann hatte er es geschafft, das „Verpackungsmaterial" Streichwurst in Richtung seines Magen zu befördern, die Medizin landete in der Botanik. Damals hatte ich noch kein Verständnis dafür. Heute geht es mir nicht viel anders:

Angefangen hatte es mit einem kribbelnden Gefühl in der linken Hand. Die wandernden Gelenk- und Muskelschmerzen habe ich zuerst auf das Konto „Alterserscheinungen" gebucht. Ein Karpaltunnel wurde operiert, das Kribbeln ist mir treu geblieben. Drei Borreliose Tests blieben negativ. Aber das Leben funktionierte nicht mehr. Eine Ärztin, die sich ein Dunkelfeldmikroskop zugelegt hatte, untersuchte damit mein Blut. Seltsame Dinge hat man da auf dem Bildschirm gesehen. Die weiteren Untersuchungen bestätigten eine chronische Borreliose.

Wie bei meinem alten Auto fing ich an, die Probleme zu dokumentieren und das so lange bis man brauchbare Zusammenhänge erkennen konnte. Man fängt damit an aus zahlreichen Mosaiksteinen ein Puzzlebild zu konstruieren. Als erstes ist mir aufgefallen, dass meine Beschwerden denen meines Hundes sehr ähnelten. Ich nahm auch seine Erfahrungen mit ins Boot.

Schon lange gilt die Theorie nicht mehr, dass Borreliose nur durch Zecken übertragbar ist. Vierjähriger täglicher Kontakt mit dem Hund, ein Nachbar der nachweislich durch seine chronische Borreliose in einem Rollstuhl sitzt und diverse blutsaugende Insekten könnten ebenfalls der Ursprung „meines Glücks" sein. Als Liebhaber der edlen Erscheinung Borreliose versuche ich es positiv zu sehen. Ich freue mich wenn es regnet, weil wenn ich mich nicht freue, regnet es auch. Bewegung, Sauerstoff, Knoblauchkur und auch das Schwitzen sollte man positiv sehen (Deutscher Naturheilbund eV. „Quellen der Naturheilkunde").

Die notwendigen ärztlichen bzw. tierärztlichen Begleitungen sollte man weniger nach rhetorischen Qualitäten, als mehr der fachlichen nach wählen.

DER JÄGER UND SEINE GESUNDHEIT

Ende der achtziger Jahre besuchte ich eine Jägerschule. Im Zuge der Revierpflichtarbeiten sind mir zwei genetisch ähnliche Individuen aufgefallen die herumstanden und sich weigerten sogar den anderen beim Arbeiten zuzuschauen. Es war ein Vater mit seinem Sohn. Der Dickere wollte mir ein bisschen Respekt beibringen, indem er sich bei mir als Anwalt vorstellte, der jüngere nannte sich Jurastudent.

„Ja, habt ihr zwei Hübschen nichts zu tun? Komm her, nimm die Fräse in die Hand und fräse hier aus der Rundstange eine Holzdachrinne aus. Hier in dem Wald, auf einer Jagdhütte schaut eine Blechrinne bescheiden aus". „Aber das habe ich noch nicht gemacht", sagte der Jüngling. „Na siehst du, es gibt für alles im Leben ein erstes Mal".

Die beiden haben gefräst und bei jedem laufenden Meter der aus einem Rundholz entstandenen Holzdachrinne ist bei den beiden der Brustkorb größer geworden und das Selbstbewusstsein ist über die Wolken hinaus gewachsen. Danach waren sie auch bereit, sich mit dem „Fußvolk" zu unterhalten.

In dieser Jägerschulzeit entstanden etliche lang anhaltende Kameradschaften. Mal ein Grillfest, hier und da eine Geburtstagsfeier, ab und zu eine Auslandsjagdreise oder eine Treibjagd. Beruflich war es angebracht, sich gegenseitig das Berufsleben „zu versüßen". So ist der dicke Vater mein Anwalt und ich bin sein Dachdecker geworden.

Ich habe gerne seine beruflichen Qualitäten in Anspruch genommen, weil ich von der Gesetzgebung nur das „überlebungsnotwendige" Minimum zu wissen pflegte. Er hatte dagegen meine Baumeister-Eigenschaften selten wahrgenommen, weil er schon „alles besser wusste". Er kaufte sich mit seiner Frau, einer Richterin, ein Haus. Wir standen in einem Heuboden und ich wollte ihm die gesundheitsschädlichen Baumaterialien für den großzügigen Ausbau ausreden. Beim Abschied meinte ich: „Ja, da musst du dir einen anderen Dachdecker suchen". Das war der einzige Ratschlag von mir, den er kommentarlos akzeptiert hatte. Die Kameradschaft ist uns aber geblieben, so spielten wir mal eine Partie Schach in seinem großräumig ausgebauten Dachgeschoss. Ich wusste nie, ob es für ihn Freude, Zeitvertreib oder Sadismus war, mit mir Schach zu spielen. Er hatte mich nicht einmal – nicht mal aus Mitleid – gewinnen lassen. Vermutlich aus Frust nach einem wieder einmal verlorenen Spiel haute ich mit der Handfläche auf die gehobelte Sichtschalung des Daches. In die durch das Dachfenster kommenden Sonnenstrahlen erschienen Millionen glitzernde Mikrofasern. „Schau her," sagte ich siegessicher „das ist dein billiger Handwerker.".

Das war dann unser letztes Schachspiel. Seine Frau hatte er, vermutlich bedingt durch seinen Advokatenbazillus ebenso bald aus dem Haus geekelt. Ihre Nachfolgerin verließ das Haus mit der Begründung, dass sie dort ständig einen Juckreiz spürt.

Als er mir das erzählt hatte, hörte er meinerseits als Antwort nur ein tiefes Schweigen.

Zwei Jahrzehnte sind wie das Wasser den Bach hinunter gelaufen. Die Haare sind grau geworden, die Alterserscheinungen haben Namen wie Verdacht auf Herzinfarkt, eingeklemmter Nerv, Borreliose, Mikrofasern in Lungen und Blut und etliches mehr. Wir müssen der Medizinforschung und der dadurch entstandenen Technik dankbar sein. Man muss aber als braver Patient aufpassen, sonst ist gleich der Fuß amputiert, damit man als „Arbeitsmaterial" aus der „Werkstatt der weißen Götter" nicht davon läuft.

Mein langjähriger Freund hat seine Anwaltspraxis übergeben. In seinem Haus bewohnt er überwiegend den „historischen" Teil mit dicken Wänden. Mit Vorliebe heizt er das Ganze mit einem Kachelofen auf und genießt dann seinen Lebensabend mit einem Glas Weißbier. Nur am Rande hatte er mal über seine gesundheitlichen Probleme berichtet. Schade, dass wir das alles erst immer hinterher glauben.

Und auch hier wird es nicht anders. Meine Vorwarnungen mit gehobenem Zeigerfinger werden nicht angenommen. Man glaubt im Winter bei einem Schneesturm bei -20° C auf einer offenen Ansitzleiter Abhärtung zu betreiben. Eine Zeit lang kommt da tatsächlich ein selbstbewusster Mann heraus, hinterher ein Rheuma-geplagter Opa.

EHRENURKUNDE

Herrn

Josef Hajda

wird für außergewöhnliche Verdienste
um das Jagdwesen in Bayern das

EHRENZEICHEN IN BRONZE

des Bayerischen Jagdverbandes
verliehen

16. März 2019

Präsident

Ein warmes Fußbad nach getaner Arbeit tut auch dem Herzen gut.

Ein halbes Jahrhundert führten wir Dialog. Nun
ist der Ivo Krizan vorausgegangen.

XI. SCHLUSSGEDANKEN

Die unzähligen, in der Natur der Großstadt verbrachten Nächte, der Unterricht der Natur bei Mondschein, Sturm und Wolkenbruch, das Leben der Stadt aus der Dunkelheit betrachten zu dürfen, das alles war ein lohnender Ersatz für den entgangenen Schlaf.

Im gegenwärtigen Jahrhundert sind wir der Natur mit unserer „digitalen Kreativität" in riesigen Schritten davongelaufen. Mutter Natur ist am Horizont stehengeblieben und schaut uns nach. Ihre Kinder, die Naturgesetze und Co. verstehen die Welt nicht mehr. Finden wir Menschen ohne große Konflikte Verständnis dafür? Wie reagiert die Tierwelt auf unser Entlaufen bzw. die Entfremdung?

Josef Hajda